I coralli

www.einaudi.it

ISBN 978-88-06-25024-9

Vanessa Ambrosecchio

Tutto un rimbalzare di neuroni

Il racconto di cosa ci ha tolto la didattica a distanza

Einaudi

Tutto un rimbalzare di neuroni

Capitolo primo

Disconnessa dal presente

– Pro?… Pro!
– Mi ha buttato fuori!
– A me non mi fa entrare…
– Pro?

Mi chiamano. Prima mi chiamavano in modo diverso. Era piú lungo, prima. Non dico l'appellativo intero, non esageriamo. In classe si arrivava a ben quattro sillabe, però: quattro su cinque, la maggioranza assoluta. Quasi un plebiscito. Pro-fe-sso-ré. Cosí mi chiamavano. Di lusso. Negli ultimi tempi si era ristretto a prof, ma ci sta, è una terza, succede sempre cosí, cresce la confidenza, loro si sentono piú grandi, le distanze si accorciano. E poi «prof» salva le apparenze, è ancora l'abbreviazione di un titolo professionale: certo, si scambia volutamente il formale col familiare, ma fosse anche per questa tenera ironia, «prof» è ben accetto. Perché è utilizzato per affetto. Per chiederne, o averne conferma.

Adesso però hanno abbreviato ulteriormente. «Pro», mi chiamano. Hanno abbreviato, e non credo per le stesse motivazioni. Le distanze non si sono accorciate di piú. In questi mesi, al contrario, si sono dilatate, si sono talmente stirate da assottigliare al massimo il filo che ci lega. «Pro», poi, mi sa di iPad, di Mac: sarò influenzata dall'abuso di mezzi tecnologici cui siamo stati costretti dagli ultimi eventi. E sbaglio, perché dove insegno io i ragazzi non hanno i Mac. Non hanno neanche i pc. I miei alunni fanno tutto col telefono, quando ce l'hanno. Se no, col telefono di mamma o papà. Quando ce l'hanno. Il telefono, la mamma, o il papà.

– Pro-ò?

– Ci sei?

– Pro, di nuovo mi ha buttato fuori!

Chi, avrei chiesto in classe. Chi è stato? E giú valanghe di accuse e di giustificazioni, recriminazioni e insulti. Ci avremmo passato l'ora a scoprire il colpevole: ci sarebbero stati un paio di imputati, l'accusa e la difesa avrebbero sciorinato le loro arringhe e io, il giudice, avrei emesso la sentenza, ma solo alla fine di un sofferto dibattimento. Una sentenza salomonica, s'intende, per ricomporre, da buona Eumenide, l'armonia sociale. Ma adesso non è una persona fisica, l'accusato. Non l'ho capito subito, all'inizio della Dad.

– Chi? Chi è stato!

Un fattore X. Innominabile. Indefinibile secondo categorie umane. Non percepibile attraverso i cinque sensi. Un ente oltreumano, forse.

– Mi butta sempre fuori.

– E a me non mi fa entrare.

– Ma chi? Chi fa questo?

– Buh. Il telefono...

– Internet...

– La linea...

– Coso... Skype.

Un nemico nuovo, ecco. Sono tanti i miei nemici, a scuola. I libri che *si spiegano come libri chiusi*, diciamo dalle nostre parti. Quelli che prevedono compiti talmente difficili che agli insegnanti danno il volume con le soluzioni: l'unica differenza rispetto alle parole crociate è che non sono capovolte. Facile, direte voi. Ma quando ho prestato il libro a un alunno e quello ha protestato: «Non vale, prof. Tu ci hai le risposte!» mi sono vergognata come una ladra. Oppure il dvd che si impalla nel bel mezzo di un film, dopo che ci ho messo mezz'ora a farli sedere e a convincerli che ne varrà la pena. O il bidello che mi tende la circolare urgentissima, dopo che ci ho messo mezz'ora a farli sedere e a convincerli che ne varrà la pena. O la prova di evacuazione, dopo che ci ho messo mezz'ora a farli sedere e a convincerli che ne varrà la pena. O l'assegnazione di alunni «divisi», cioè provenienti da una classe dove il docente manca (dopo che ci ho messo mezz'ora a farli sedere e a convincerli che ne varrà la pena). «Divisi», già. È gergo scolastico. Lo dicono gli alunni. Dicono proprio cosí. «Che ci fate voi qui?» chiedi, se li trovi in una classe che non è la loro. E loro: «Siamo divisi». Finiamo per dirlo anche noi insegnanti: «Dove sono quelli di 3F?» «Sono divisi». O «li hanno divisi». O peggio ancora: «Dov'è Rossi Mario?» «È diviso in 3C». Che ti fa pensare che troverai soltanto testa e tronco di Rossi Mario in 3C, gli arti rimasti nella sua classe al fine, possibilmente, di ridurlo all'innocuità.

Ora però tutti questi nemici si sono dileguati. Non ci sono piú bidelli o alunni divisi a interrompere la lezione. Gli alunni, peraltro, sono entità immateriali, ormai, simulacri di se stessi, ologrammi di alunni, e non potremmo agguantarli né dividerli, neanche volendo. E pure i *libri chiusi* si sono dileguati. Sono chiusi materialmente, e definitivamente. Sono cioè perfettamente coerenti con se stessi.

Dopo le prime due settimane di Dad, in cui ci abbiamo provato a lasciare pagine di lezione, ad assegnare esercizi dal testo, abbiamo compreso che era una partita persa. Gli alunni hanno adottato una sorta di muto dissenso, di resistenza passiva. Chiedevo e richiedevo di prenderlo, il testo di antologia o quello di grammatica, avremmo letto insieme. Non lo trovo, era la risposta piú frequente. Data con naturalezza, con assoluto candore, senza il minimo bisogno di giustificarsi. Chiusa la scuola, chiusi i libri, come in vacanza o dopo gli esami.

Lo dicono sempre, i miei alunni, arrivati in terza media: Dopo gli esami brucio tutti i libri! Con una convinzione cosí appassionata che te li vedi davanti, quei piccoli falò, una scena di sapore bradburyano che la dice lunga sulla bontà del lavoro che sei riuscita a fare.

Morta e sepolta la scuola, dunque, e i libri gettati in quella fossa in cui la nostra vita di prima si è trasformata di colpo in passato, due mesi fa. Perché la scuola *è* morta e sepolta. La scuola di prima. Quella che facciamo adesso, non dico che è buona o cattiva. Dico che è un'altra cosa. È un'altra scuola, ecco. E gli alunni lo hanno capito prima di noi: via i libri e via i quaderni.

All'inizio ha avuto il sapore della rivoluzione. Certo, le rivoluzioni vengono dal basso, questa assomigliava di piú a un meteorite. Per la portata dell'impatto, oltre che per l'imperscrutabile fortuità dell'evento. All'inizio, ha avuto soprattutto il sapore dell'imperscrutabile colpo di culo.

Lo ripetevano ogni mattina gli alunni, nella scuola di prima. Entrando a uno a uno in classe, passo strascicato, occhi gonfi, le teste coricate sui banchi: Ma perché ogni mattina? Perché cosí presto? Perché non finisce di giovedí la settimana? O di mercoledí, non ci offendiamo, dicevano. Ma a che ora andate a letto? chiedevo io. Alle dieci, rispondevano sbattendo ciglia innocenti. Ed è la pura verità, vanno a letto alle dieci. Salutano, spengono la luce. I genitori pensano di esserseli tolti dai piedi. Loro si chiudono in camera, si infilano sotto le coperte. E restano davanti al telefono fino alle tre.

Per cui la scuola chiusa, la vacanza fuori dal conto è sembrata un miracolo, all'inizio, una vittoria alla lotteria di quelle che ti cambiano la vita. Un biglietto omaggio per il Paese dei Balocchi, ma meglio ancora di com'è andata a Pinocchio, perché alla guida non c'era l'Omino di burro. C'erano loro: i genitori, i prof, il preside, il ministro e il presidente del Consiglio – neanche la fatica di secernere un po' di senso di colpa. Ci si andava tutti insieme in gita scolastica a quel paese, e passiamo a prendere il Grillo parlante che viene a fare quattro salti anche lui!

Cosí l'inizio è stato goliardico, baccanalesco. Quando scrivevo qualcosa nella chat alle undici o a mezzogiorno, buio. Nessuna risposta per ore, neanche dai piú diligenti. Finalmente alle sette di sera qualcuno sbadigliava un «ok», «okok» quando era particolarmente in forma. Dalle nove in poi si scatenava il carosello. Tutti a chiedermi come entrare su WeSchool, come creare l'account, come fare quel dato compito, e giú a tempesta messaggi vocali.

Una mattina ho scritto alla rappresentante dei genitori. «Dove sono tutti», le ho chiesto. «Forse dormono», mi ha risposto mezz'ora dopo, di certo sbadigliando anche lei. Infatti: «Deve capire, – ha aggiunto poco dopo, – deve capire che facciamo un po' tardi per ora». Dovevo capire, ecco. Colpa mia che non capivo. Quell'inatteso prolungamento delle vacanze di Carnevale, Ceneri comprese, assomigliava tanto al Natale. Li vedevo giocare a baccarà e a settebello fino all'alba, mangiucchiando frutta secca e dolciumi in allegra compagnia. E io nella mia cella di clausura a svegliarmi come quando andavo al lavoro, a dannarmi al pc per preparare materiali e andare a letto con le galline per essere lucida l'indomani. «Deve capire, – le avrei risposto, – che io vivo esattamente come voi, genitori anziani, famiglia a carico, spesa da fare, le file al panificio: preferirei lavorare con la luce del sole». Ma non ne ho fatto niente. Dovevo capire, aveva ragione lei. Il mio mestiere, e dunque il mio dovere, lo capisco meglio ogni anno che passa, è appunto questo, mi piaccia o no. È capire. Capisco che devo capire. Vi sbagliate a pensare che siano i ragazzi a venire a scuola per capire. A capire, a scuola, siamo noi. Prima capiamo noi, poi loro. Se noi prof capiamo, capiranno anche loro. Ci piaccia o no.

– Pro! Ci sei?

– Mi ha mutato!

– Pro, ti ha mutato pure a te!

È l'ente supremo del web a tirarci questi scherzi da prete. Ogni tanto ci «muta». Non nel senso di una trasformazione genetica o di un radicale cambiamento della personalità: nel senso che ci riduce al silenzio, ci disattiva il microfono, via. Il fatto è che, a seconda della zona in cui risiedono gli alunni o delle fasce orarie, la copertura di rete non regge il carico di tutte quelle immagini e voci che si rincorrono per l'etere sopra l'Italia. E tirannicamente, lui, l'ente supremo, decide di economizzare. Taglia sull'audio, per cominciare. O impalla il video, e tu vedi uno che stava parlando congelarsi in un fotogramma mentre la sua voce fluida si dipana. È un po' come nei collegamenti via satellite in televisione: l'immagine che si sgrana in quadratini, o la voce e il movimento delle labbra che vanno a due velocità. Mi sembrano un po' sulla luna, i miei alunni. Non mi sorprenderebbe vederli in piena lezione levitare verso i soffitti delle loro stanze, coi piedi all'aria. Mi sembrano molto piú distanti di quanto non siano materialmente, ecco. Nella Dad, come la chiamano, certe distanze si allungano.

Poi, se proprio esageri ad ascoltare e parlare insieme, ti butta direttamente fuori. Ma non è solo il tirannico ente supremo, questo va detto. A volte sono loro, i «partecipanti». A volte uno di loro improvvisamente sparisce e riceve un tenero messaggino in cui un'emoticon con la faccia da vittima illustra la frase «un partecipante ti ha rimosso». C'è qualcuno, insomma, qualcuno che è impossibile smascherare, che trascorre la lezione a buttare fuori gli altri, persino i prof. È successo anche a me.

Colpa mia, naturalmente. Avevo iniziato a rimproverarli. Perché non facevano i compiti, perché non mi mandavano le schermate degli esercizi, perché non rispettavano le scadenze. Cosí qualcuno mi ha rimosso. Sono rientrata subito cercando di ignorare la provocazione, e dopo due minuti di omelia di nuovo clic, mi ha rimosso. Non riuscivo a completare, che dico, a iniziare la mia minaccia di colloqui coi genitori o valutazioni al ribasso, che quello mi rimuoveva. E io clic, rientravo. E lui clic, mi rimuoveva, e io clic, e lui clic, sempre piú freneticamente. Era una sfida all'ultimo clic, una specie di avvilente videogioco con la gazzarra degli altri in sottofondo che protestavano perché non si riusciva a fare lezione. Ero furiosa, naturalmente. Ero furiosa perché eravamo ad armi pari.

Ma anche stavolta, dovevo capire. Capire l'irresistibile ebbrezza che dà esercitare potere su un potente. Ricordate Tonino l'invisibile? Chi non ha mai desiderato essere invisibile e fare tutto quello che è vietato? Te la ricordi la professoressa di Matematica alle medie? Quella che non doveva volare una mosca, e se mai fosse volata, la sventurata, sarebbe caduta stecchita per terra sotto il suo sguardo? Di' la verità, non l'avresti volentieri «rimossa» anche tu?

– Pro? Ma che, ti hanno buttato fuori di nuovo?

Ringrazio mentalmente per la solidarietà. No, non mi hanno buttato fuori stavolta. Sono io che sto zitta. Sto zitta e li ascolto.

– Pro...

Non arrivano piú neanche alla f, non gliela fanno. La f di «prof» è già troppo fiato: una fricativa, uno spreco di ossigeno. Sono stanchi, i miei alunni. Non potevano prevederlo all'inizio. All'inizio era sempre domenica.

Che fate, gli chiedevo. Mangiare, e la play. Chissà mangiare cosa, mi chiedevo io, che fare la spesa è cosí complicato. Ma le loro mamme sfornano dolci e pizze ogni ora, non insegnano, le loro mamme. Le loro mamme hanno trascorso la quarantena a cucinare. Io ho trascorso la quarantena a inseguire le loro mamme, per inserirle nel registro elettronico, per richiedere i tablet in comodato d'uso, per far firmare la liberatoria sulla privacy. Ma non era colpa loro se non rispondevano, poi ho pensato: avevano le mani in pasta!

Ora però sono stanchi persino di mangiare. Sono stanchi della loro vita. Hanno una strana vita, i miei alunni, da quando è incominciata la Dad.

– Pro, ma... ci sei?

Cos'è la Dad? Darne una definizione non è facile quanto scioglierne l'acrostico. Che potrebbe anche essere Didattica a domicilio, o Docente attacca discente o Discente ammazza docente. La Dad è il risultato di una sottrazione: è il «resto», come si dice in matematica. Il minuendo è la scuola cosí come la conosciamo: aule, banchi, quaderni e casino. La Dad è la scuola meno... e comincia la lunga lista dei sottraendo: meno aula, meno finestre, giardino, androne; meno levatacce e pomeriggi (per le scuole dove si fa il pomeriggio); meno trincee di zaini, meno tonfo di libri sui banchi, meno scroscio di pagine; meno occhi gonfi, meno cappucci tirati sugli occhi, meno unghie sporche e capelli grassi, meno fiato di sonno, meno ascelle, soprattutto; meno odore di gomme e matite misto a quello delle merendine confezionate, meno carta di merendine confezionate, meno pipí per terra nei bagni (anche quello dei prof); meno pugni, schiaffi, pacche, sberle; meno infortuni sul lavoro (e sullo studio applicato dell'Attività motoria), meno ghiaccio secco, meno pianti, meno genitori urlanti; meno «io con lui no», meno «si prende tutto il banco», meno linee tracciate con la riga della «mia metà banco»; meno lavori di gruppo, meno liti di gruppo, meno «ora faccio venire a mio padre»; meno avventure in autobus, meno «se facciamo un incidente muore solo il conducente»; meno risate; meno ore saltate facendo saltare i nervi alla prof; meno «ci vediamo fuori», meno «ma ti posso fottere a legnate anche qui»; meno bulli, meno vittime, meno *circle time*; meno polemiche infinite perché ho assegnato un esercizio in piú; meno «possiamo fare la festa, prof?»; meno tombola e panettone a Natale, meno pizza e patatine a fine anno; meno Lim, meno Lim usata a tutto volume per i balli di gruppo, meno Lim che in un anno ha funzionato solo per i balli di gruppo; meno «questa lettera è per te, prof» e poi non è una lettera, è un foglio di quaderno con un grande TVB.

È per questo che i miei alunni, adesso, non fanno una vita da alunni. Fanno una vita da impiegati. In smart working, per giunta. Si alzano al mattino, occupano la postazione, entrano in piattaforma per tre quattr'ore al giorno, spesso senza accendere microfono e webcam per non sovraccaricare la linea, si sorbiscono le tirate dei prof, espletano le pratiche loro assegnate, recepiscono nuove indicazioni e poi, come funzionari dopo una riunione col capoarea, tornano al loro triste mucchio di file. Perché i libri, aperti o chiusi che siano, li abbiamo chiusi per sempre, è vero. Ma al loro posto abbiamo aperto gli esercizi online, le lezioni online, i video didattici online, le verifiche online. Perché la scuola con tutti quei meno è solo lezioni, verifiche, scadenze. La parte piú importante, direte voi. Il «resto», dicono loro.

Anni fa mi era venuta in mente una buona idea per uno spot, una specie di pubblicità progresso per riabilitare la categoria docente «casta di mangiastipendio con tre mesi di ferie l'anno come nessuno mai». Nel primo fotogramma di questo mio fantastico spot si vedeva un aitante quarantenne parare un goal, e la scritta in sovrimpressione NON SONO UN CALCIATORE; nel secondo una donna china in ascolto di un'adolescente disperata, e la scritta NON SONO UNA PSICOLOGA; nel terzo un allegro trentenne guidare un trenino festaiolo, e la scritta NON SONO UN ANIMATORE; nel quarto un'arzilla signora in tenuta da viaggio capitanare una comitiva in una qualche scarpinata, e la scritta NON SONO UNA GUIDA TURISTICA, e cosí via. Nell'ultimo, tutti i fotogrammi rimpiccioliti e riuniti insieme allargavano l'inquadratura sotto la scritta SONO UN INSEGNANTE. Continuavo a ripetermi che se ci fosse stato un concorso per spot a tema avrei partecipato, sicura di vincere. Col tempo ho cambiato idea: è un prodotto che non sorprende, capisci quasi subito dove va a parare. E tuttavia continua ad avere il merito ai soli miei occhi (poiché nessuno l'ha mai visto né mai lo vedrà) di sintetizzare efficacemente cos'è per me la scuola. E non per scelta o per mission, come usa dire oggi. Ma perché è cosí, cioè le cose stanno cosí a scuola, che tu lo voglia o no: o bere o affogare. O parare o affogare. O fare il consultorio o affogare. O guidare i trenini o affogare. O scarpinare o affogare. Insomma, o fare tutte queste cose (di cui minimo due contemporaneamente) o affogare. Con buona pace di chi non ha mai trascorso quattro ore di fila in una classe.

Ecco cosa non andava, nel mio spot ideale: era celebrativo. Ma non è una questione di bravura fare tanti mestieri in uno. È questione di salvarti la pelle.

Ora con la Dad alcuni di questi mestieri sono decaduti, il che sindacalmente è anche piú giusto. Niente piú trenini, per dirne uno. Niente goal, fine delle scarpinate. Finalmente i docenti fanno quello per cui sono pagati, e poche chiacchiere. Si alzano al mattino, occupano la postazione, entrano in piattaforma per tre quattr'ore al giorno, spesso parlano a presenze immateriali che non accendono microfono e webcam per non sovraccaricare la linea, si sorbiscono le bizze informatiche degli alunni, assegnano pratiche da espletare, impartiscono nuove indicazioni e poi, come capiarea dopo una riunione con i propri funzionari, tornano al loro triste mucchio di file. Una vita da impiegati. In smart working, per giunta.

– Pro! Ma… c'è?
– C'è, ma…
– Non si sente…
– E non si vede!
– Forse non la fa entrare…
– O l'ha buttata fuori.
– Picciò, ma c'erano compiti?
– C'era da pagina 52 a pagina…
– Minchia, io 'un fici nenti…
– Io manco…

– Picciò, mi stanno finendo i minuti…

Li ascolto muta, nascosta dietro l'inganno della mancata connessione. Sono disconnessa, ma non è colpa del wi-fi. Non ho problemi tecnici, io. Ho un Mac, un iPad, due iPhone e rete in ogni angolo della casa. Potrei fare lezione pure al cesso, io. Loro no. Hanno un telefono quando va bene e devono individuare il punto della casa dove «prende». Non è escluso che sia il cesso. Magari dal cesso intercettano il wireless di un vicino ed è fatta, connessione gratis per tutta la Dad! Se poi qualcuno in famiglia ha un bisogno impellente mettono in muto, dov'è il problema?

No, non ho problemi di linea, io. Ma oggi li guardo dal buio, la mia 3H. No, non li guardo, perché disattivano la webcam. Li sento? Non sempre. A volte neanche loro sentono me: – Pro, parli a gettoni! – protestano. A volte sono inghiottiti da un buco nella rete. E dire che è un quartiere di pescatori, quello dove insegno. Ma chi ha la rete bucata non piglia pesci.

I primi tempi ci provavo. – Fatevi vedere un attimo, vi voglio salutare! È tanto che non ci vediamo… – Comparivano come lampi, neanche il tempo di valutare se erano cresciuti, ingrassati, piú baffi, piú tette. Qualcuno stropicciava un occhio, qualcun altro sbadigliava senza ritegno. Uno era sotto le coperte, una in cucina con lo sfaccendare astioso della madre. Uno aveva due tizi lunghi lunghi su un divano intenti a giocare coi telefoni, due bodyguard o soltanto due fratelli: ma pareva ugualmente sequestrato. Dietro a una è passato il padre in canottiera. Un altro camminava per tutta la casa, forse in cerca di rete, forse in preda a un raptus di iperattività. E io con lui, cucina corridoio porte una stanza, in diretta dentro la sua intimità, dentro lo sforzo evidente di mettere insieme un po' di decenza tra i fiori di plastica nel centrotavola e un tondo di pizzo industriale su una spalliera. Avevano ragione loro, meglio spegnerle le webcam.

Oggi l'ho spenta anch'io. Sono lí, in linea, ma disconnessa dal presente. Li sento cercarmi sempre piú incerti, sfiduciati. Sento allentarsi la maglia che ci tiene. Vagano le loro voci nel buio del web come satelliti che abbiano smarrito l'orbita, come un sistema solare in cui la forza centripeta sia vicina a spegnersi e i pianeti prendano il largo in un fluido che si fa gas. Ecco, all'inizio della Dad la scuola da solida s'è fatta fluida. Adesso siamo prossimi all'evaporazione.

Capitolo secondo

«Si poteva fare meglio questa classe»

– Pro...
– Ma c'è la lezione?
– Entrate?
– Ma se manco c'è la Pro...

No, oggi non c'è la Pro. Oggi la Pro è connessa col passato. Vi vede in prima media, un manipolo di pirati, una banda di piccoli sgherri incazzati. Una buona metà con difficoltà di lettoscrittura. Due con disabilità e una forse. E fra gli altri due iperattivi, un'ansiosa, due stranieri, un depresso. Atolli: un oceano fra di voi, ciascuno col suo buco. Fratelli problematici, genitori separati in casa, padre disoccupato, madre in fuga. Si poteva formare meglio questa classe, mi disse la rappresentante. Si poteva formare meglio anche l'Italia, le avrei risposto: tre quarti di classi son fatte cosí, è un campione buono per farne sondaggi, la nostra, un pezzo di Paese, di umanità, come tutte. Ma mi limitai a sorridere e a dirle: Ce la faremo.

Poi la sfiga ha perseguitato la mia 3H, a cominciare dal fatto che hanno cambiato docenti ogni anno, tranne me. Se ne stavano facendo un complesso. «Siamo la classe peggiore, ce lo dicono tutti», «Siamo sfigati», «I prof se ne vanno perché nessuno ci vuole». Io li guardavo e allargavo le braccia come a rispondere: Sono qua. «Certo, tu non te ne puoi andare», ribattevano. E anche questo era vero. Ma non era tutta la verità. Il resto era una mia questione personale con la sfiga, una sfida alla sfiga, se mi è concesso il bisticcio. Un rapporto direttamente proporzionale che mi scatta, tra le due. O per lo meno è scattato con la mia 3H.

Ce l'avremmo fatta. L'avevo detto alla rappresentante e ci credevo. Non in prima, non in seconda, ma in terza avremmo tagliato il traguardo! Avrebbero imparato un sacco di cose. Li avrei portati a vedere tutti quei posti che non conoscono della città. I monumenti e i parchi. I musei e i negozi equosolidali. Sognavo per loro esami piú che dignitosi, in alcuni casi brillanti, in altri sorprendentemente sufficienti.

Un po' di cose le abbiamo fatte, in questo tempo trascorso insieme. Un po' di progressi pure. Ma è in terza che si tirano le somme, che semi e germogli affondano radici. Il Covid è arrivato a strapparmi germogli e radici. Ha spazzato via tutto. Ora che dovevo tirare le somme, sono qui a fare i conti col resto. Insegno italiano, ma la so anch'io un po' di matematica.

Teotista, per esempio. Ha un viso piccolo montato su un corpo lunghissimo, e ci ha il diavolo in quel corpo. Gli corre su e giú per le gambe come le formiche in un formicaio. Stare seduto, per lui, è un castigo divino, il supplizio di Prometeo. Una volta me l'ha detto, grattandosi, perché quando non palleggia Teotista si gratta. Con le mani a rastrello, producendo un raspo frenetico, un rumore che abbiamo imparato a riconoscere. Frrrrr... Frrrrrrr... Fzzzzzzzzz! quando ci dà dentro. Quella volta Teotista ha alzato su di me due occhi pieni di lacrime: – Perché devo... frrrr... frrrrr... fzzzzzz!... stare qui? – C'è da capirlo. Le aule sono piccole, le ore di scuola nove nei giorni di tempo prolungato, di cui solo mezza all'aperto. E lui è stato adocchiato da una squadra di basket, un giorno è arrivato raggiante in canotta con tanto di sponsor. L'ho convinto cosí a fare grammatica, una decina di volte in tre anni: – E se poi diventi famoso e ti intervistano? – L'argomentazione è cogente. Allora ci si mette, e quando ci si mette, Teotista, le cose le capisce al volo. All'andata. Per il volo di ritorno, le ha già dimenticate. Sta volando su sterminate praterie rosso arancio solcate da semicerchi bianchi, al ritorno. Nel sogno, il diavolo sotto la cute smette di pungere, scroscia giú per le gambe, gli mette le ali ai piedi: si fa angelo. Perciò anch'io sogno la stessa cosa, per Teotista. Vederlo giocare, ai tornei scolastici, è uno spettacolo. Lí il fremito costante, gli aghi sotto la pelle trovano finalizzazione e coerenza. Il pallone sembra incollato al suo palmo come uno yo-yo dal filo invisibile, mentre dribbla le gambe degli avversari con l'inafferrabile naturalezza che viene dalla pura gioia. Teotista ha trovato presto la sua strada. Il punto, adesso, è non smarrirla.

Sara invece è tranquilla, troppo. Sta lí, all'ombra delle ciglia, e aspetta che passi. L'ora, la giornata, la scuola, forse la vita. Dove la metti, sta. Non è un problema relazionale, Sara non ha niente che non va. Quando si tratta di ridere e giocare è tutto okay. È quando è l'ora di concentrarsi, di mettersi alla prova: sta lí buona, esegue, e questo deve bastarti. Dettarle, copiare, niente di piú. L'elaborazione personale non fa per lei, lo ha deciso da tempo. Il suo cervello è un orso in letargo. Il suo corpo placido, largo, si impegna a mimetizzarsi con la parete, il banco, l'angolo dove si rannicchia; le natiche sembrano il calco della seduta cui aderisce per trentasei ore a settimana. Tante volte mi sono dimenticata di lei. – Sara c'è? – Scorrendo l'appello, al mattino, alzavo gli occhi per chiedere. Tutti gli altri li avevo già visti. Sara lenta, paziente, un pugno affondato nel cuscino della guancia, alzava una mano.

Marzia ha una testa veloce, la piú veloce. Certo, non ha avversari particolarmente agguerriti in classe, perciò gode a sorpassarli tutti. Risponde lei, prima lei, solo lei, come avesse il pulsante di un telequiz sotto la mano. Forse per questo è cosí alta: persino il suo corpo è in gara. Sorpassa i compagni, i genitori, i prof. Sorpasserebbe se stessa, se potesse. Ma siccome non può, crolla stremata dalla sfida.

E improvvisamente, non sa piú fare nulla. Non credevo ai miei occhi, quando l'ho constatato. Quando ho dovuto prendere atto che Marzia, cosí pronta, cosí attrezzata, era un soggetto difficile quanto Teotista, Zoran o Manfredi. Marzia è candida, statuaria, normanna, e ha lunghi capelli lisci che le fiammeggiano sulle spalle. È bellissima, ma nessun ragazzo si innamora di lei. Figlia unica, Marzia a casa è la regina. A scuola, con quell'accolita di disarcionati, non può, non deve essere diversamente. Gigante rossa, penso, quando la incontro per la prima volta, ma non solo per l'altezza e il colore dei capelli: attira l'attenzione l'energia e il tempo di tutti, come una gigante rossa divora elio e idrogeno per crescere e brillare. E per cominciare a morire, mi sovviene. All'inizio della prima media apprendiamo che sua madre è in attesa. E per Marzia è l'inizio di una fine.

Sarà anche per questo che, da quando siamo in Dad, ha perso il gusto di gareggiare: c'è il profilo che la rappresenta, ma lei, Marzia, non interviene, non partecipa, chissà dov'è. E chissà dov'è Mattia, che il lockdown ha paralizzato due volte: Mattia è in sedia a rotelle, ma la padroneggia come Schumacher la Ferrari. Piccolo, smunto, è una canna al vento, e il vento dalle sue parti cambia spesso. Un attimo mostra un gran senso dell'umorismo, un attimo dopo s'adombra, come se qualcuno o qualcosa girasse la manopola, in fondo a lui. Si fa buio, si spegne. Mentre spiego, improvvisamente esce dalla classe e si parcheggia in corridoio. Si butta fuori da solo. Provo a chiedergli perché. – Non lo so, non capisco niente, sono cretino! – reagisce. La sua intelligenza invece ha qualcosa di leggiadro. Se si tratta di disegnare, il suo tratto guizzante dà al soggetto un lampo di naturalezza, di verità. Mattia fa le caricature di tutti noi, le appendiamo per la classe e ci sorprendiamo a riconoscerci a vicenda. Basta una gratificazione cosí a farlo volare alto. Quest'anno, a forza di gratificazioni, ha deciso di iscriversi all'Artistico. – Se ce la possono fare gli altri... – mi ha confidato, cedendo a un'alba di sorriso.

Ho ragione a incoraggiarlo? Si sfracellerà giú da quel trampolino? Ma l'ultima cosa che vorrei, per Mattia, è sottrargli anche quel volo. Dalle vacanze di Natale però è tornato verde, quell'albore di sorriso piombato nella notte. Ci siamo capiti in uno sguardo. – Ripensamenti? – Mi ha respinto in malo modo come fosse colpa mia, infine ha abbaiato: – Vado al Professionale, saldatore! – Aveva incontrato i parenti, il 25. All'Artistico tu? gli avevano detto. Ma se sei cretino!

– Zitta, turca!

Sussulto. Un segno di vita. O un'eco della vita che fu, nella mia testa?

– Zitto tu, pezzo di *weleb el kahba*!

Non sto sognando. Nel pulviscolo di voci annoiate, sperdute, irritate che oggi denunciano la mia assenza, quelle di Zoran e Barbara mi vibrano in cuffia. Si danno addosso proprio come in classe: dovrei felicitarmene, o sono gli ultimi colpi di coda? Si dibattono come prede nella rete, i miei alunni? O per riempire quel vuoto in cui li sto lasciando? Li ascolto, non riesco a far altro, ed è come li vedessi.

Zoran ha un volto che è uno schiaffo: occhi e ciglia quasi bianche; sopra, un caschetto albino; sotto, zigomi che bucano la pelle; dentro, una memoria a breve termine che fa accendi e spegni come una pila scarica. Sono i tratti della madre, croata, sposata e abbandonata, i primi tre. E anche il quarto: dalla separazione, la donna accusa vuoti di memoria da cui non si è piú ripresa. Zoran, che pure si vergogna del suo accento e darebbe chissà cosa per sentirsi italiano, ha sviluppato verso di lei questa distorta forma di solidarietà. Cosí, dopo un impegno di due minuti, il sangue gli va al cervello, si preme la testa fra le mani gridando «Basta, basta!» e chiede di andare in bagno.

Appena fuori, l'energia compressa in quei dieci minuti

di applicazione scatta come una molla e Zoran *acchiana i mura lisci*, come diciamo noi: fa una passeggiata sul davanzale del bagno o scende a piano terra scivolando sul corrimano. Una volta ha recuperato un pallone aggrappandosi al ballatoio del primo piano con tutta la scuola a naso in su, impotente e paralizzata. Zoran è un furetto, un geco, una serpe. Se di uscire non gli è concesso, è impensabile pretendere che torni a impegnarsi. I suoi occhi scoccano un lampo e...

Non gli mancavano, in classe, occasioni per svagarsi. Gli bastava un niente per dar fuoco a Barbara, per torturare Emanuele e Giada, per trascinare Teotista, e giú la gazzarra delle risa e delle proteste, l'arena delle delazioni e delle accuse, e addio lezione. Abile sobillatore, Zoran sa benissimo che un fiume corre fra lui e i suoi compagni, persino quelli scarsi. Di questo fiume, per quanto cammini, non arriva a vedere la sorgente né la foce, e le sue provocazioni in realtà sono ponti: Coraggio, venite con me, passate per un po' dalla mia parte! Ma è straniero, piú straniero di Barbara e della sua pelle scura, perché non riesce a liberarsi dell'accento materno, quelle «e» che diventano «i», la «s» che fa «sc», la cantilena tipica, e perciò la chiama «turca», Barbara, come si fa qui con gli extracomunitari tutti, senza distinzione di etnia. È l'atavica memoria delle incursioni barbaresche che i miei alunni non possono conoscere, ma ripetono come obbedendo a una memoria genetica.

A quell'insulto Barbara prorompe in un fiume di parole nella sua lingua irta di insulti dialettali e altri indecifrabili che suonano come misteriosi anatemi e inducono i compagni alla ritirata. In realtà sua madre è tunisina, suo padre se l'è portata dietro da un viaggio di lavoro, ma lui ha un'altra famiglia e si presenta a casa a giorni alterni. Al primo colloquio con i docenti, la donna arrivò velata. Aveva tutta l'aria di sperare che quel velo, come per magia, la rendesse invisibile: Barbara, invece, a tirarla per mano. Barbara è il suo mediatore culturale, lei traduce mentre la madre, a occhi bassi, si limita ad annuire. E Barbara la guarda, con un misto di pena e severità. È piú bassa, naturalmente, ma quando guarda la madre cosí mi sembra guadagnare un metro su di lei.

Off, on, Barbara è un interruttore. Quando è su on è bravissima in grammatica, forse per il suo precoce impegno di interprete, ma quando è su off, non batterebbe ciglio se le sgozzassero un cucciolo ai piedi. Se le ordino di lavorare, protesta che «sono pesante». Negli anni passati insieme i momenti on sono diventati piú frequenti, anche se quando sembra avere ingranato in salita, ecco che l'interruttore scatta e Barbara scivola in retromarcia. Tutto sembra perduto, in quei momenti, o mai conquistato, per lei e per me. Ma la matematica dell'insegnamento è quella di un centimetro avanti per nove millimetri indietro.

Per quel millimetro si va a scuola ogni giorno, e anche quando persino quello lo dai per perduto, ci torni. È un mucchio di 0,1, un anno scolastico, una somma esigua, un gruzzoletto. È il minimo sindacale da esigere, piú spesso il massimo. Dacci oggi il nostro 0,1 quotidiano... L'insegnante è un profeta stipendiato, assunto per credere dove nessuno crede. Quella sua fede è a volte l'unica, spesso l'ultima opportunità per un ragazzo. E noi siamo pagati per scommetterci. A occhi chiusi, come Pascal.

Negli anni, 0,1 dopo 0,1, la reattività di Barbara agli insulti di Zoran, alle sue angherie, si è convertita in volontà di denuncia. Ma tutta la prima media l'ho passata a dividere le loro zuffe, a far ragionare il padre di lei che voleva portarsela via, sua figlia, in un'altra scuola!

In classe, la fazione delle femmine, maggioritaria e cazzuta, spalleggiava Barbara; quella dei maschi, minoritaria e disgregata, sosteneva Zoran. In realtà, c'era la fronda in entrambi gli schieramenti. Marzia e Aurora in prima non amavano condividere chiacchiere e visite al bagno con Barbara e Sara, che hanno stretto perciò un'alleanza di mutuo soccorso. Tra le femmine accade di piú, perché c'è una maggiore attenzione all'abbigliamento, all'acconciatura, i tratti distintivi delle caste. Fino alla seconda ci davo dentro con l'assegnazione dei posti e i gruppi di lavoro, ma non sarà stato merito di queste strategie se quest'anno ho sentito Marzia chiedere con molta naturalezza di andare in bagno con Barbara, o Aurora con Sara.

Non so esattamente come sia successo, insegnare non è una scienza esatta. Stai un po' come un apprendista chimico davanti ad alambicchi e liquidi colorati, a chiederti che accadrà se mescoli questo con quell'altro, e l'unico metodo cui ti aggrappi, a volte con la sicumera dello scienziato, piú spesso con la commozione del disperato, è guardarli sempre tutti con lo stesso sguardo, la stessa attenzione, la stessa convinzione che possano farcela; gridare lo stesso «bravo!», identico nel tono e nella personale soddisfazione, a tutti almeno una volta alla settimana; garantire la stessa attenzione, la stessa considerazione a ogni mano alzata, a ogni intervento, dal piú acuto al piú disarmante. Non so se basti, ma so che la suddivisione in caste, che affligge persino uno sparuto gruppo di bambini, può essere momentaneamente (giusto un triennio) dimenticata.

Quel po' che so è che è tutto un rimbalzare di neuroni nella stanza degli specchi, insegnare. Che come li guardi tu finiscono per guardarti, e fra loro, e se stessi. Che come gli parli tu finiscono per parlarti e parlarsi. È un *labor limae* continuo e faticosissimo, giorno per giorno, minuto per minuto, che non deve mai allentare la lena. Mai mancare la presa. Mai lesinare una parola misurata, della stessa misura per tutti. I risultati tardano a venire, è un terreno tutto da dissodare, per due anni e mezzo vedi solo bocci nella zizzania, i frutti li raccogli al secondo quadrimestre della terza. Che quest'anno è coinciso col Covid.

Capitolo terzo

Distanti e dispersi

L'inizio è stato allegro, aveva l'aria frizzante di una scampagnata inattesa. Non si sapeva ancora che piega avrebbe preso la situazione, e l'indicazione generica che ricevevamo, i primi di marzo, era di «mantenere il contatto». Proposi allora di correggere in videochat l'ultima prova Invalsi fatta a scuola.

– Massimo in quattro, Pro, – mi hanno informato loro. Ma segnalato il problema hanno trovato, sempre loro, la soluzione. «Pro facciamo che Teo, Mattia e Zoran che sono sempre insieme si riuniscono ed entrano in chiamata con un solo telefono, poi Giada, Manu e Sara con il mio, manca uno e c'è Marzia e Barbara insieme a casa di Marzia e già siamo 3 telefoni piú te pro 4, giusto», mi scriveva Aurora economizzando, come usa, sul punto interrogativo. Un utente connesso, insomma, ne avrebbe avuto dietro un grappolo. E cosí cominciò il «mantenimento del contatto». Era divertente, come ogni novità lo è, guardarsi dentro un telefono con le facce leggermente deformate, e provare a fare lezione cosí, anche se già a metà del primo appuntamento avevo l'emicrania. La necessità di ripetere ogni passaggio con voce stentorea, l'amplificazione della loro caciara microfonata, le immagini suddivise in quattro minischermi, ciascuna viva di vita propria, mi misero presto una tenaglia alle tempie, e non avevo ancora finito la mia prima ora di Dad: me ne aspettavano altre due, quel pomeriggio.

Fu una doccia fredda. In trenta minuti mi resi conto che non era una semi-vacanza, come avevo segretamente sperato fra me, per il semplice fatto di non essere costretta a uscire da casa. È questo che ci atterrisce soprattutto, del lavoro, con i relativi preliminari: saltar giú dal letto, strigliarsi, brigare per rendersi presentabili, valicare il traffico, e tutto questo in tempo utile, quasi sempre molto stretto. Ma se la montagna non va da Maometto, occhio che il profeta non si fermerà discretamente alle pendici, bussando e chiedendo «si può?», ma la scalerà, la povera montagna, e se lungo la scalata troverà grotte e cunicoli, ci entrerà dritto e prenderà a formicolarci: niente potrà fermarlo, arriverà fino in cima e vi pianterà una bella bandiera di conquista. Fuor di metafora, se non sei tu ad andare al lavoro ma è il lavoro a entrare in casa tua, in breve non ci saranno piú spazio e tempo intemerati, non ore incolumi, non camere illibate. In men che non si dica entrerà come un treno nel tuo corridoio, come un turbine fra le persiane, come un ariete negli imenei, cosí che, traumaticamente prima, poi insensibilmente, non ci sarà piú alcun limes tra fuori e dentro, tra intimo ed estremo, tra pubblico e pubico, tra il mondo e te. Non ci sarà da stupirsi se, dimenticando lo smartphone in bagno o tra le lenzuola, toccando dove non dovevi, farai partire inavvertitamente quanto improvvidamente una videochat.

Alla fine di quel pomeriggio i ragazzi erano gasati e gai come dopo una festa con l'animatore, io assordata e con una nausea da mal d'auto. – Allora ci vediamo domani, prof? Sempre a quest'ora? Io vengo da te, Manu e Sara da Auri... – già si organizzavano. Il mio sí non lo attesero, era scontato. Non era forse il mio lavoro? Non ero pagata per esserci, l'indomani pomeriggio davanti al piccolo mostro dai cento occhi e moti e voci, sebbene sapessi perfettamente che di quanto facevamo a quel modo e con quel mezzo ben poco avrebbero ritenuto nelle loro testoline pullulanti di cristalli liquidi? – A domani, ragazzi, – confermai, sfoderando un sorriso professionale. Il minimo, davanti a una telecamera.

Ma questa non fu l'unica strada per «mantenere il contatto». Un'altra, anzi la prima in ordine di tempo, fu quella di girare nella chat di classe foto e video che sdrammatizzassero l'emergenza Covid. Me ne arrivavano di banali, volgari, blasfemi, bigotti. Io ne approfittavo per selezionare, a scopo didattico, quelli conditi da ammiccamenti culturali. Ce n'erano che mostravano a volo d'angelo le bellezze d'Italia per rinvigorire il patriottismo piú emotivo (un'ottima occasione per fare un po' di geografia), altri cambiavano titolo ai quadri famosi giocando sul doppio senso: il celeberrimo Adamo che riceve la vita dalla mano di Dio ora si intitolava *Distanza sociale*, o una coppia di ciccioni di Botero rispondevano alla didascalia *Estate 2020*. Speravo che, con la scusa, ripassassero un po' di arte, e un po' di nuova ne scoprissero. Oppure andavo sul sacrilego soft, con la cautela di chi insegna in un quartiere dove, se si bestemmia spesso e volentieri, è proprio perché la domenica si va a messa con tutta la sacra famiglia. Cosí «Siamo nelle mani di Dio. Speriamo che se le sia lavate» ho ritenuto che non avrebbe urtato neanche la suscettibilità del collega di Religione. Infine, *Rapina a mano infetta*, video di uno scippo con fazzoletto ammorbato alla mano, lo inviai senza alcuna implicazione didattica, come momento di puro svago: una specie di ricreazione, ecco. Era anche quello un contatto, mi ripetevo. Didattico e relazionale a un tempo.

E in effetti gli alunni mi rispondevano in tempo reale, anzi surreale: non avevo ancora del tutto scollato il polpastrello dal comando di invio che si materializzavano batterie di emoticon con le lacrime agli occhi per le risa. Tale tempestività mi gratificava, il primo secondo. Subito dopo mi turbava. Era la tempestività di chi vive guancia a guancia col telefono, ci mangia, ci beve, ci va a letto, ci vive dentro, non vive senza, la tempestività di chi comunica costantemente e solamente cosí. Non era, insomma, merito dell'autorevolezza o della simpatia del mittente, non della qualità dei messaggi inviati. Anzi, a giudicare dall'immediatezza delle reazioni, era materialmente impossibile che avessero visualizzato un video di venti o trenta secondi fino in fondo. Magari si erano degnati di cliccarci su, capire di che si trattasse e rifilarmi l'emoticon gagliarda per educazione. Magari neanche quello. L'emoticon gli metteva a posto la coscienza.

Dare riscontro è il primo comandamento del decalogo social. Peccato originale è non ricevere, veniale è ricevere e non visualizzare, mortale non rispondere dopo aver visualizzato. Roba da far la fila al confessionale. Se poi il messaggio visualizzato sia stato effettivamente letto, è una questione di coscienza, da vedertela a quattr'occhi con Dio Web. Le emoticon devono averle inventate per salvarci le chiappe dalle fiamme dell'inferno: pensa se dovessimo scrivere commenti a tutti i messaggi che riceviamo, pensa se dovessimo descrivere le emozioni che ci hanno suscitato, pensa se solo dovessimo trovare un nome, per quelle emozioni, soprattutto quando sono sfumate, ambigue, contraddittorie. Pensa se dovessimo perdere questo tempo a pensare.

Era stata una presa di posizione, all'inizio. Soprattutto con gli alunni. Nella chat con la 3H mai un'emoticon, da parte mia. Solo messaggi diffusi e articolati. Vocaboli scritti per esteso, ortografia rigorosamente corretta, punteggiatura inappuntabile. Chissà come dovevano apparirgli noiosi i miei messaggi, chissà che uffa, che palle. Ma io perseveravo, tutta d'un pezzo. Che almeno costituisse un esercizio di memoria visiva, leggerli, un appello indefesso all'uso di un italiano corretto. Poi un giorno, durante uno scambio frivolo, auguri di compleanno o giú di lí, mi scivolò il dito su un'emoticon: una sola, piccola, dal sorriso misurato, innocente, cos'era mai... Apriti cielo! Fu uno scandalo di proporzioni inaudite, un diluvio di messaggi sconcertati: «Ma come, prof!» «Usa le emoticon?!» e io spalle al muro a balbettare scuse. Alla fine furono clementi: mi coprirono di emoticon ammiccanti come a dire: «Ora sei dei nostri», ma io sentivo che lo strappo c'era stato: eccola qui la misconosciuta potenza dell'esempio, che troppo spesso dimentichiamo perché non abbaglia e non schiamazza, scava come le gocce nella pietra, ma nel cervello fa il buco molto prima e lo fa per sempre.

Nonostante ciò, una volta sdoganato l'uso delle faccine, mi sono lasciata andare ancora e ancora, non troppo e non gratuitamente, giuro, al sussidio del pollice verso, della faccia che piange o di quella stupita. Approfitto di queste pagine per chiedere perdono, e per rimuginare su quanto precipitoso e irredimibile sia, una volta levata l'ancora, prendere il largo.

Nel giro di tre settimane, tuttavia, il numero esponenziale dei decessi e la psicosi crescente mi hanno indotto a rinunciare a rudimentali forme di complicità. Niente piú battute e scenette sul Covid, dunque, ma neanche mantra come «Ce la faremo» e «Andrà tutto bene»: meglio un composto silenzio social che ci preparasse tutti a prendere coscienza dell'eccezionalità del momento, piuttosto che quegli opachi scongiuri in forma di jingle pubblicitari.

Una collega, invece, una di quelle vicine alla Dirigenza, che qui preferisco chiamare Corretta di nome e Politicamente di cognome, pensò bene di fare un'operazione in stile didattica emotiva: confezionare un video destinato a genitori e alunni in cui ognuno dei docenti interpretasse un frammento della celebre *Ode alla vita*. Partecipazione volontaria ma vivamente caldeggiata, con l'amichevole contributo del collega di Tecnologia che si sarebbe gentilmente fatto carico (gli piacesse o no) di montare i materiali. Avrei scommesso su una diserzione di massa, invece nella chat dei docenti, dopo un fremente silenzio di qualche ora, piovvero un paio di timidi «ok», «per me ok», e i soliti pollici alti. Entrai in crisi: mi sembrava un'iniziativa poco originale e incline al lacrimevole, ma mi dispiaceva che i miei alunni non mi ci trovassero. Li ho sempre incoraggiati a mettersi in gioco, vincendo a forza la loro timidezza, e adesso mi tiravo indietro? «Io vorrei fare la fine», scrissi al collega, sperando di ridurre al minimo sindacale la mia partecipazione. Ma appresi che tutti si erano già precipitati, anche loro in tempo surreale, a scrivergli prenotando l'inizio, la fine e le restanti parti brevi e facili. – Tu fammela tutta, poi io prendo quello che mi serve, – ribatté anzi il collega. Era un segno di apprezzamento? Ma accettai, perché a scuola funziona cosí, si sta perennemente come in una imbarcazione sul ciglio del maelstrom: si lavora da equipaggio, si accettano incarichi senza fiatare, cioè si dilaziona la fine imminente un pezzo ciascuno, quello che capita, e pazienza se ti capita il piú grosso.

Ora, poiché non avevo tempo né forza di mandarla a memoria, la ripresa dovetti farmela davanti a un gobbo appiccicato al muro, e non ci fu verso che il telefonino non intercettasse il mio sguardo allarmato, pronto a saltare a sinistra, come per implorare il soccorso di un invisibile suggeritore. Feci numerose prove, ma il risultato non migliorava, cosí mi arresi e inviai il mio video, maledicendo Corretta Politicamente e sperando che almeno il regista scegliesse le parti che mi erano venute meglio. Eh no, perché quelle che mi erano venute meglio le avevano già fatte gli altri, come potei constatare quando il prodotto finito fu trionfalmente pubblicato in chat. Come previsto, io risultai la piú strabica, ma c'era chi recitava come se stesse dicendo messa, c'era il divo con la testa appoggiata al muro e la mandibola quadra, chi sparava sillabe col risultato di sembrare incazzato e chi si faceva arrampicare addosso, chissà perché, i propri animali domestici. Ma la piú triste di tutte mi parve la scena della prof di Musica: doveva essersi ripresa da un fondo di letto, poiché la videocamera ruotava come un drone su di lei che laggiú, occhi orlati di rosso e denti stretti, esalava in un solo respiro, forse l'ultimo: «Soltanto l'ardente pazienza | porterà al raggiungimento di una splendida felicità». La parte che avrei voluto declamare io, magari con un pizzico di vitalità in piú. Nell'ultima schermata, infine, appariva l'immancabile scritta DISTANTI MA UNITI, certamente voluta da Corretta, sempre pronta a riciclare le espressioni piú inflazionate e perciò, a suo avviso, di sicuro successo.

Il successo, invece, non ci fu. Silenzio, fu la risposta. Una tundra di silenzio. I rappresentanti di classe giusto qualche pollice per educazione. Gli alunni neppure quello. Perché va bene il galateo social e il decalogo di Dio Web, ma a tutto c'è un limite anche nella religione. E i ragazzi, che pure sono onnivori in fatto di stimoli e sollecitazioni, quando a proporre qualcosa è un docente, diventano di una severità da *arbiter elegantiae*. Se un testo è appena banale, se un film è appena passabile, dopo cinque minuti li hai persi, non li riprendi piú. E meno sono didatticamente attrezzati, piú divengono culturalmente esigenti. Ma non è forse il compito delle cose belle scoccare frecce che trapassino tutti i muri, mentre le altre si spezzano, si torcono o, nel peggiore dei casi, rimbalzano? Perciò guai al docente che fa l'occhiolino al trend, che non punta all'inatteso: svolazzeranno quaderni mentre prova a leggere, scoppieranno rutti e risa mentre proietta il film. E non sarà una questione di educazione, ma di sincerità. La stessa impietosa sincerità con cui i nostri alunni hanno reagito a DISTANTI MA UNITI. Abbasso Dio Web e il suo decalogo, viva il demone della sincerità.

Infine, dopo giorni di prove tecniche diurne e di tallonamenti notturni per far fare a tutti l'account, il 20 marzo abbiamo dato ufficialmente inizio alla Dad. Il trauma dei rapporti lavorativi «in remoto» lo avevamo già incassato quando si era realizzato con certezza che a scuola non saremmo tornati prima di un tempo ragionevolmente lungo, ed erano cominciati collegi e riunioni a distanza. Ricordo ancora la prima: un dipartimento, dunque una decina di persone. Le colleghe, anche le piú giovani e carine, mi apparvero, ciascuna dentro il suo rettangolino, di colpo imbruttite, peste. Come a un funerale i parenti del morto, o come i Vip senza make-up. Struccate, sfinite, le inquadrature infelici, i capelli raccolti con pinze dell'ultima ora, parevano tutte, come diciamo dalle nostre parti, *stracanciate*, cioè non semplicemente cambiate, ma cambiate in modo da divenire irriconoscibili, irreversibili, altro da sé. E il trauma era double face perché, dopo aver passato cinque minuti non ad ascoltare i punti all'ordine del giorno, ma a scrutare golosamente le facce degli altri, ti investiva in pieno il ricordo di te. Allora correvi al rettangolino che rifletteva la tua, di immagine, e ti mettevi a studiarla con allarme, a correggerla mandando indietro una ciocca o stirando la pelle con la mano, invasa dal timore che anche loro stessero pensando: «Dio, com'è vecchia, com'è brutta, in realtà». In realtà? Già, perché quella alterata da un'inquadratura approssimativa, quella deformata dalla luce di cucina o dalla lampada dello studio, quella trasmessa da onde magnetiche e ricomposta da impulsi elettronici e pixel sull'algida superficie dei nostri desktop, era la «realtà». Invece il ricordo vivo e pulsante, i sorrisi incrociati in corridoio, la luce negli occhi, il tepore mandato live dalla pelle, quella era una messinscena, un ballo in maschera. Facile dimostrare dieci anni di meno con la piega fresca e la tinta appena rinnovata, ti voglio alla prova della webcam! Quella prova lí nessuno la resse, stando a quanto ci raccontava Zoom. E a Zoom si crede piú che a Dio, perché a differenza di Dio fornisce prove inconfutabili dell'esistenza delle rughe, ricrescita e canizie comprese.

Il trauma dovette essere collettivo perché alla riunione successiva, che era un collegio, chi aveva partecipato al dipartimento aveva preso le debite contromisure. Lo schermo dunque offrí una panoramica estremamente variegata di inquadrature e scenografie. I rettangolini, va detto, stavolta erano molto piú piccoli, e consentivano meno di indugiare sui particolari, ma il colpo d'occhio risultava eloquente. Cosí, accanto alle colleghe tirate a lucido come per un gran galà sebbene lo sfondo fosse quello delle padelle appese in cucina, c'era chi, nell'illusione di mimetizzarsi fra la folla virtuale, si spalmava sul divano con lo smartphone che inquadrava impietosamente pancia e doppio mento. Non mancarono poi le situazioni inverosimili, come il collega che ci comparve nell'intimità del suo soggiorno, parete attrezzata e televisore al plasma, con tanto di cappello; o la collega che aveva un cielo stellato alle spalle sebbene fossero le tre del pomeriggio. – Che freddo, – le scappò detto fra un dibattito e l'altro, e la vedemmo tutti coprirsi con uno scialle mentre su di noi già imperversava la prima afa d'aprile. – Freddo? – E sul collegio in remoto calò un gelo boreale, al cattivo pensiero che qualcuno piú scaltro di noi avesse colto la palla al balzo per fare la crociera ai fiordi.

Ma il momento piú emozionante fu il primo giorno di scuola a distanza. Quando cliccai sul link che avrebbe aperto l'aula virtuale, mi sentii come il primo uomo pronto ad atterrare sulla luna: in bilico sul nulla. Cosa accadrà, mi chiesi. Nulla, mi risposi appunto. Sicuramente non funzionerà, non può funzionare, figurati se ora li sento e li vedo tutti. Figurati se ora succede 'sto miracolo che tutti hanno device e connessione, che riusciamo a fare lezione. Dopo giorni di vocali tonanti, di tempeste di messaggi, di cacce all'account ero quantomeno agnostica, ecco. L'orario l'avevo mandato a tutti, in chat fin dalla prima mattina avevo ricordato il nostro appuntamento, avevo ricevuto pollici e faccine, eppure dubitavo. Cosí quando cliccai e uno spazio candido e intatto come il nulla prima del Big Bang mi si aprí dinanzi, mi parve di sporgermi sull'orlo del desktop e di esserne risucchiata. – Buongiorno, – dissi a quel vuoto lí, con un nodo in gola che mi falsava la voce: – Ci siete? – e subito mi sentii disperatamente ridicola. Stavo parlando a me stessa; no, peggio: al computer; no, peggio ancora: a uno specchio che neanche mi rifletteva. No, aspetta: adesso sí, mi rifletteva. C'ero io che guardavo me stessa e mi parlavo: – Buongiorno, – ripetei, perdendomi ancora una volta nell'ispezione di me: come avevo fatto a sbavare il rossetto a destra, e dove cavolo se ne stava andando la ciocca a sinistra? Oh, guarda: voglio toccare a sinistra e invece vado a destra, ma come funziona 'sta webcam?

– Buooongioooorno, prof...

Sussultai: – Buon... Ehi! Sei Giada? Buongiorno, buongiorno!

– Buongiorno...

– Aurora? Buongiorno!

– Buongiorno...

– Buongiorno...

– Ehi! Ci siete... Buongiorno, Mattia... Sei Mattia? Buongiorno, Manu...

Piovevano alunni. Piovevano dall'etere. Intercettavo le loro voci con la stessa emozione di Marconi ai primi esperimenti sulla radio. Funzionava, sí! Funzionava.

– Fatevi vedere! Non ci vediamo da tanto tempo...

Apparve Aurora, nella sua stanzetta tutta pupattole e trine. Apparve Mattia, con un paio di cuffie da pilota. Apparve Emanuele, che pareva dentro una cantina. Apparve Giada a una postazione a dir poco professionale. Apparve di Teo una fetta di faccia, perché si collegava dal telefono. Degli altri comparvero, uno dopo l'altro, dei tondini in alto a destra, che si disponevano in fila, man mano che aumentava il numero dei partecipanti. Quei tondini però raramente inquadravano una loro fotografia, ma l'immagine che avevano scelto al momento della registrazione. In piú, se ci cliccavi sopra per riconoscerli, non sempre appariva il loro nome, ma quello del genitore, che se era la madre portava tutt'altro cognome – e quasi sempre, a renderci piú facile la vita, era la madre, per cui vatteli ad associare uno per uno, madri e figli!

In qualche caso ero costretta a chiedere «chi sei», anche perché a volte, per quanto tendessi le orecchie, la voce non era riconoscibile. Che poi, neanche a farlo apposta, le immagini dei profili poco si addicevano alle loro persone, almeno ai miei occhi. Al posto di Teotista, ad esempio, non compariva Michael Jordan o un canestro: un manga, per di piú nel personaggio di una gracile donzella. La mite Aurora aveva, di contro, il logo artigliato della Monster; Barbara il primo piano di un bicipite supertatuato e Emanuele, il minuto Manu dal faccino smorto e i denti da latte, una bionda procace. Ma il profilo piú improbabile di tutti era di Sara: quello che io ci vedevo era il micro primo piano grigio di un vecchietto cinese grigio su uno sfondo grigio, la chioma candida divisa in tre ciuffi come in un'acconciatura di altri tempi e latitudini. In che relazione stessero una fanciulla che mai aveva tradito la minima passione per la cultura orientale (e per la cultura in generale) e quel vecchietto ghignante che faceva capolino come per dispetto, rimase a lungo un mistero. Dovetti sforzarmi piú che per tutti gli altri, le prime volte, di associare quell'immagine a Sara. E ci vollero settimane prima che riuscissi ad avanzare un'ipotesi fondata. Doveva trattarsi di uno di quei membri di quelle band coreane che decolorano i capelli, forse per fare il verso a Jack Frost. Non c'era altra spiegazione, e tuttavia io continuai a vederci un vecchietto dispettoso e a sforzarmi ogni volta cinque secondi di troppo, prima di dare il buongiorno a Sara.

– Io non mi faccio vedere manco morta!

– Buongiorno, Marzia!

Lei l'avevo riconosciuta subito.

– A me farebbe piacere vedervi, sarete cresciuti, è tanto che…

– Siamo obbligati? – mi gelò.

– No, certamente no. Nel rispetto della vostra privacy…

– Allora io neanche…

– Nemmeno io…

– Appunto…

Come lucciole che si addormentano sul far del giorno, le webcam si spensero una dopo l'altra lasciando al loro posto i tondini in alto a destra. Eccola qua, la mia 3H: due anni e mezzo di duro lavoro sulle dinamiche di gruppo e sul rapporto tra adulti e pari, e si era ridotta a una fila di oblò il cui unico segno di vita era cerchiarsi di bianco simulando una pulsazione quando uno di loro prendeva la parola. Ministro, mi si sono ristretti gli alunni! Mi si sono ristretti in una centrifuga virtuale che gli ha tolto il sorriso e il broncio, i capelli impastati dei maschi e quelli stirati e lucidi delle ragazze, l'odore di lip gloss, di mottino schiacciato tra i libri, di fiato crudo al mattino, di erutto sgasato dopo la ricreazione. Gli ha tolto i corpi sgraziati, ingombranti, impacciati, le mani sempre in movimento, le teste ciondoloni. Gli ha tolto i rumori, le urla, i mormorii, le reazioni inconsulte, gli abbracci, le zuffe, le canzoni. Gli ha tolto i pianti, gli sguardi eloquenti, la gioia scalmanata di quando dici che domani è vacanza. Gli ha tolto i genitori disoccupati, il padre che fugge, la madre depressa.

Questi dati, la piattaforma non li registra. Non li inserisce nelle annotazioni sulle attività svolte. E senza i loro corpi sgangherati, i loro guai senza rimedio e le loro gioie insulse, i miei alunni sono piú leggeri. Me li hanno compattati, me li hanno zippati ciascuno in un file. Quando voglio, ci clicco su. Ma sarà la loro icona a comparire; il loro nome in sovrimpressione, se va bene. Saranno i compiti che hanno fatto e quelli che non hanno fatto. Sarà il grafico del rendimento, che settimanalmente la piattaforma elabora per ciascuno di loro. I dati anagrafici. Il diagramma a torta delle loro assenze. Il confronto tra le valutazioni in presenza e a distanza. Di «loro», ministro, nessuna traccia.

Capitolo quarto
Dispersi e sperduti

– Proooo? Proooo...

Una sola vedo, puntualmente, immancabilmente: Giada. A Giada i genitori hanno approntato il corredo informatico completo: pc, casse, cuffie, modem, mouse ordinatamente disposti sulla scrivania. Giada è online prima di me; se tardo un minuto, chiede in chat che fine abbia fatto: lo sta chiedendo anche adesso. Le mie giornate iniziano tutte invariabilmente col suo – Buuooongioooorno, Prooo, – e le sue ciocche viola. È la prima cui rispondo e l'ultima da cui mi congedo, anche perché fino alla fine ho i suoi occhi incollati sul mio schermo.

– Giada trae molto giovamento dalla Dad, – dicono i colleghi in consiglio. E in effetti, Giada pare rinata. Lontano dal confronto diretto con gli altri, al sicuro dalle angherie di Zoran, Giada adesso ama «andare» a scuola. Il vetro ideale che in classe la isolava da tutto si è finalmente materializzato: uno scudo in silicio e cristalli liquidi piú imbattibile del disco di Capitan America. Di là dallo scudo, avverte l'affanno dei piú bravi: la timidezza di Aurora, l'irritazione di Marzia, l'assenza di Barbara che non sempre ha soldi per la connessione. Gli altri, i nullafacenti la cui principale occupazione in classe era prendersi gioco di lei, ora ammutoliti se non schiacciati, azzerati, discriminati dalla Dad: è il momento giusto per attaccare il corpo morente di quella scuola che l'ha sempre avvilita. Quel mondo, ora, si ritira in buon ordine, fa ali al suo passaggio, la scena è tutta sua. Essere la prima della classe è una passeggiata adesso, coi compiti corretti dall'insegnante privata, connessione a palate e il solo sforzo di fare clic all'ora stabilita. Non finisco di fare clic io, che i suoi occhi mi puntano pregustando l'elogio. – Ciao, Giada, che brava, sempre puntuale! – o – Sei la prima che vedo, cosí si fa! – Devo inventarmene uno al giorno, e lei in brodo di giuggiole, subito incoraggiata a battere il suo stesso record per l'indomani. Finirà per aprire lei l'aula virtuale al mio posto, penso questa mattina, fissandola senza essere vista.

E la rivedo in classe, come uno stelo al primo soffio chinare la corolla, quella sua corolla tinta qua e là di viola come per sbaglio. In prima, Giada preferiva chiamare la mamma e andare a casa. Quando restava, si limitava a ricopiare dalla lavagna con la sua calligrafia minuscola fino all'indecifrabilità. Non partecipava, e se provavo a coinvolgerla reclinava il capo e socchiudeva i piccoli occhi celesti come per chiedere scusa di esserci. La collega di Motoria aveva osservato difficoltà di coordinazione, cosí l'avevo segnalata alla psicopedagogista, ma il colloquio non è mai avvenuto. In compenso, l'ho avuto io col padre.

Avevo deciso di convocare i genitori e si era presentata prima la madre: identica a Giada, anche lei lunghe ciocche viola e i tratti sfuggenti di chi vorrebbe sparire. Aveva subito cercato una constatazione amichevole, come davanti a una macchina tamponata: – Io gli pago il doposcuola, ma lei non la chiami la psicologa. E se poi la bollano, mia figlia? – Come spiegarle che ormai si economizza anche lí, che pur di tagliare su scuola e sanità devi essere proprio grave perché ti diano «il bollo», come dice lei, la 104. Ma quanto piú io cercavo di essere rassicurante, tanto piú il terrore dilagava in lei. Forse presentiva l'irruzione del marito che, nel frattempo, aveva varcato il portone senza dire buongiorno.

Per un attimo provai quello che dovettero provare Ulisse e i compagni all'arrivo del Ciclope. Urla lo preannunziarono, ed entrò in sala professori agitando corpo e mani avido di metterci qualcosa in mezzo. Con un movimento del braccio spazzò via ogni mio tentativo di argomentare. Nel suo dialetto verace e senza vergogna mi disse che con la psicologa ci avrebbe parlato lui, ci avrebbe, che noi sua figlia l'avevamo *'nfussata* e lui l'avrebbe tirata fuori *d'u fossu* e, per concludere, che avrebbe chiamato la polizia.

– La chiami, – replicai. – Vediamo chi sta violando la legge.

L'uomo continuò a urlare e a dimenarsi a cinque centimetri dalla mia faccia mentre la moglie lo implorava, poi: – Non sa allacciarsi le scarpe, – dissi solo.

Da paonazzo impallidí, muovendo a vuoto le labbra: – Minchiate di mia moglie, – si confuse, – che l'ha cresciuta nell'ovatta...

Suonò la campanella e io mi mossi. – Magari è solo insicurezza. Ma dobbiamo saperlo, – aggiunsi, prima di entrare in classe. Dovevo entrare proprio in 3H.

La porta si aprí per il cambio d'ora e Giada intravide il padre di cui doveva aver già riconosciuto la voce. Si fece se possibile piú esangue. Mi preparai a risponderle, ma a turbarmi di piú fu che domande non ne vennero. Giada fece come se niente fosse successo. O era già successo tutto, nella sua testa? Cosa sapeva? Che immagine si era fatta dell'immagine che io avevo di lei? Il flash del suo povero stelo *'nfussato* e del padre che lo tira fuori come se disseppellisse Lazzaro mi tornava agli occhi. Cosa avrei ottenuto io, con la mia segnalazione? Mi rammentai di un ex alunno che per un banale sospetto di dislessia aveva affrontato l'iter delle visite: «Vedi un sacco di bambini malati, prof, deformi, e dici ma allora io sono come loro?» Che cosa stavo facendo a Giada? Quel giorno, tornando a casa, pensai a lei che torna a casa, al padre che sbraita, si sfoga, dice chissà cosa di lei e di me. Come la guarderò domani negli occhi, mi chiesi. E lei, mi guarderà?

L'indomani c'era un'uscita didattica. Per strada, verso

la fermata, il gruppo si disgregò, ci trovammo sole. Giada non parlava e non mi guardava, ma non faceva nulla per seminarmi. Quel silenzio montò fra noi, stava per scoppiare: non resistetti.

– Tutto bene, Giadú? – e la guardai sottecchi.

– Tuutto beeeene, prof, – sorrise lei, forse per la prima volta, dal suo vetro.

Grazie, stavo per rispondere.

– Raggiungiamo gli altri, dài.

– Ma come è brava Giada, come è migliorata! La prima della classe! – esclamano ora i colleghi in consiglio. E non posso che dargli ragione. Ora Giada a lezione trova il coraggio per rispondere, per rischiare di sbagliare, ha una voglia tutta nuova di sporgersi oltre i propri limiti. – Le metterei nove, le metterei! – giubilano i colleghi, e io mi trovo costretta a ricordare le sue difficoltà in classe.

– Ho detto le metterei, infatti! – replica piccata una prof. Ma come, pensa certamente di me, non dovrebbe essere lieta di registrare i progressi dell'alunna, non siamo insegnanti per niente, no? Per registrare progressi e prendercene il merito, all'occorrenza. E io invece lí a rattristarmi. Sono forse una *nemica della contentezza*, come si dice dalle nostre parti? O talmente presuntuosa da non tollerare quello smacco: aver giudicato patologica una ragazza che aveva solo bisogno di un po' di fiducia?

Un pizzico di tutte queste cose c'è forse in me, come sempre, in un insegnante. Ma c'è soprattutto la mestizia di chi è costretto ad ammettere un fallimento. Non mio, o almeno non solo: della scuola. Giada è diventata brava a casa, tra le amorevoli cure della mamma, lontano dai versi beffardi dei compagni monelli, dal contrasto stridente coi compagni studiosi. Giada ha vinto dove non c'era nulla da combattere, insomma. È cresciuta, sí: in vitro. Sono sconcertata che i colleghi non capiscano, che la considerino una vittoria: nostra, soprattutto. Ho provato a spiegarmi. Se Giada ha vinto, ha perso la scuola come la intendiamo ancora: gruppo, conflitto, confronto, dinamica, relazione.

– Okay, non le metteremo nove, – hanno tagliato corto. Forse cominciamo a non intenderla piú cosí, la scuola, penso allora io, rinunciando ad argomentare. Stiamo tornando ai tempi della biblioteca e del precettore, con la sola differenza che adesso entrambi sono virtuali, digitali, telefonati. Giada ha precorso i tempi per mostrarci il futuro che ci attende. Ma a me questo futuro sa di eterna sconfitta.

– Buuongioooorno, Prooo! – mi fissa attraverso la sua finestra di cristalli liquidi, attendendo raggiante l'elogio quotidiano. La fisso anch'io: il suo abbagliante benessere mi mortifica. «Puntualissima come sempre, Giadú!» non glielo dico, oggi. E la lezione non inizia.

È Zoran a rubarmi la scena. La prende in giro perché è l'unica ad accendere la webcam, e lo fa alla maniera sua. Mi sembra di vederlo: gli occhi gli si staranno allungando insieme a un angolo della bocca in un'espressione melensa, una maschera amichevole pronta a punzecchiare prima, a graffiare poi, infine a sferrare il colpo. È una danza di avvicinamento, un rituale da predatore, che cattura e in breve conquista, fa pubblico, trova plauso. In classe, era stata sua l'idea di fare cerchio intorno a Giada bendata e giocare a toccarle a turno il sedere.

Zoran ha un fiuto infallibile nel riconoscere il piú debole, gli viene da un'esperienza piú lunga della sua breve vita di dinamiche di gruppo, rapporti di forza sperimentati in ring senza arbitri e senza reti. In un lampo ravvisa chi, nell'umana catena alimentare, sta sotto di lui. Emanuele, per esempio. È piccolo, itterico, indifeso, e al primo attacco gli occhi gli si riempiono di un pianto muto. – Cosa c'è? Che ti ha detto? – Per tutta risposta, Emanuele si tocca uno zigomo e mi guarda come se dovessi capire. Ma io non capisco. – Lo-l'occhio, – tartaglia, la gola stretta.

Emanuele ha un occhio un po' strabico, di cui evidentemente si vergogna, e Zoran fiuta come una piccola iena l'odore delle ferite.

Emanuele «potrebbe fare di piú», diciamo noi prof. Ma forse è una pianta che non conosciamo, ha bisogno delle giuste condizioni ambientali, le stagioni sue. Quando è sereno, balbetta a mitraglia senza inibizioni: a ricreazione mi interroga sugli indovinelli, ride se mi arrendo, implorando la soluzione. Una volta in prima media abbiamo partecipato al progetto nazionale *#ioleggoperché* e avevo chiesto a ciascuno di completare la frase. Tutti ci avevano provato con risultati qua e là semplici, spiritosi, prevedibili, ma Emanuele mi folgorò. Mi tese il suo foglio tremando, gli occhi accesi: io leggo perché, lessi, sogno che sia vero. Subito si strinse a me la gola. Per cos'altro leggiamo e scriviamo da millenni? avrei balbettato anch'io. E se un bambino che non ha genitori diplomati e libri in casa lo esprime con questa sintesi dolente e perfetta, da cosa fugge, e per andare dove?

Ma in seconda Emanuele si prosciuga, secca. La mattina mette la testa sul banco e dorme. Lo lascio dormire, un ragazzo che dorme in classe ha sempre ragione, ma poi voglio sapere. Accudisce il nonno con l'Alzheimer che fa della notte giorno: mamma si alza presto, va a lavorare per tutti. Resisto un paio di mesi, poi passo all'attacco. A me non importa niente, tu sei un bambino, hai diritto di dormire, si alzi qualcun altro! Lui impallidisce, stringe le labbra, gli occhi gli s'infoscano. Tocca alla scuola procurare quel trauma: rivelare ai ragazzi che la famiglia sbaglia, che i genitori non sono dèi, non sono giusti e ti fanno anche male, uno dei compiti piú dolorosi. A fine anno gli chiedo di presentare un progetto alla mostra dei lavori. – Non ce-ce-ce la fac-cio –. Mi guarda perduto: sta affogando. Che ne è stato di quel bambino che raccontava gli indovinelli fregandosene della balbuzie? Riduco il suo pezzo, gli suggerisco poche parole precise. Mi allontano ma lo tengo d'occhio, giro fra gli altri e torno ogni due minuti da lui. Ti ascolto, dài. Sí, daccapo. È sfinito, ma un nanomiglioramento c'è, e io lo esalto. Di lí a due giorni fa progressi e la mattina dell'evento ripete ogni volta con maggiore padronanza il suo pezzo a ogni visitatore, sfiora la disinvoltura della prima media, ne ha perduto solo l'incoscienza. A Marzia che potrebbe incantare tutti e invece punta i piedi, lui sereno consiglia: – Fa-fai come me, ri-ripetilo. Io all'inizio no-non riuscivo neanche a parlare...

– Se io sono turca tu che sei? Zingaro? È che non c'è la Pro, se no!...

No, non c'è la Pro, o c'è ma non si vede. E la gazzarra cresce a valanga con Zoran che, a corto di argomenti, sta sfoggiando il suo repertorio di versi animali con l'obiettivo di far esplodere gli auricolari nei timpani di tutti. Dovrei esserci, lo so. Ma oggi, da qui, sono l'ombra di me stessa.

Al punto che mi sembra un lontano ricordo di gioventú quando i bidelli corsero a chiamarmi perché Zoran scivolava giú dal corrimano della scala antincendio. Non ci ho visto piú quella volta, l'agguantai per un braccio: – Smettila di scappare, la sappiamo tutt'e due la verità: non sai fare le cose che fanno gli altri! – E lui invece di scalciare o fuggire, in un flash di quei suoi occhi, sotto le sopracciglia aggrottate, – Dammi pure a me maestra di sostegno, – mi disse. Improvvisamente ebbi la bocca secca. O forse davvero soffiava scirocco su noi due appesi al cielo in cima alla scala antincendio, perché anche a lui la bocca seccò. Mi chiedo ancora oggi se ho fatto bene, se spalancargli il cielo della verità, noi due soli lassú, non gli abbia dato quella vertigine che sprofonda, invece che sollevare.

Intanto, nella fragorosa anarchia che sta invadendo l'aula virtuale, solo Celeste resta impassibile, o meglio la sua foto nel profilo: una Beatrice che attraversa l'Inferno, benignamente imperturbabile non perché indifferente, ma perché naturalmente ignifuga, il mondo furente che la circonda non la cambia, non la tocca. Anche a scuola accoglieva con un sorriso paziente chiunque le piazzassi accanto, ma non faceva nulla per inserirsi nel gruppo: colpa delle assenze. È l'unica cosa che sottolineo alla nonna, quando la convoco. La nonna, sí, perché il padre è andato proprio via e la madre è rimasta su al Nord a lavorare e al telefono non risponde.

Celeste è arrivata in terza media da Treviglio, dopo la separazione. Ha occhi azzurri e una chioma bionda che piacerebbe a Botticelli. – Questa qui è venuta per rovinarceli! – si lamenta una mamma, alludendo a chissà quale livello di emancipazione che turberebbe il già poco sereno andamento della classe. Ma il kajal sugli occhi azzurri di Celeste, il fumo nel suo alito e l'accento *tischi toschi* non hanno lo scopo di rimescolare gli ormoni dei compagni.

– Celeste è molto in gamba, – dico alla nonna. – Potrebbe andare al liceo –. Nel primo e unico tema che ha fatto in tempo a comporre, tra assenze e Covid, non sgarra un congiuntivo, e se li va pure a cercare. E quando leggiamo *A Silvia* mi sorprendono le sue intuizioni. Cosí l'ho detto anche a lei.

– Mi iscriverò al Professionale, aiuto cuoco. Lo sogno da piccola, – ha replicato, col suo sorriso paziente. Ho insistito, le ho chiesto di partecipare alla visita al liceo Artistico.

– Andrà al Professionale, – mi ha risposto la nonna, con gli occhi di vetro: – Lo sogna da piccola –. Ripetono tutti lo stesso copione, come spesso avviene in famiglia, e in una famiglia complicata di piú.

– Poi a vent'anni dirai quanto sono stata scema, – torno all'attacco. Magari non hanno i soldi per farla continuare, rifletto. Magari già lavora, maligno, i giorni che non viene a scuola. Magari piange e pensa alla mamma, mi intenerisco. Già, com'è possibile che Celeste non tradisca alcun turbamento per la sua situazione? Qual è il segreto di quella sua enigmatica docilità, di quel lago interiore? Un amore? Un sogno?

– Va bene, – ha replicato, come per farmi contenta. E ha lasciato che la inserissi in elenco. Ma il giorno della visita non si è presentata.

L'indomani non ce l'ho fatta: – I compagni però ti vedono per strada, – ribatto quando mi tende la giustificazione.

– Possono vedere quello che vogliono... Io a casa sono... – trema lei. Il suo viso per la prima volta si altera, i suoi lineamenti scompigliano l'abituale simmetria. Ma anch'io su quel bilico traballo, perché mi sovviene che non è un commissariato, la scuola, e io non sono il commissario. Che provocazioni come questa non tireranno fuori Celeste dal suo covo, ma la cacceranno ancora piú in fondo. Che mi frustra constatare frustrati i miei sforzi di interferire con quel destino già scritto, ma la frustrazione non ha mai insegnato niente a nessuno. E con quelle parole da sbirro ho fatto anche peggio, le ho messo contro i compagni.

– Usciamo un attimo, – le intimo, e quando sono fuori anch'io accosto la porta.

– Perché non sei venuta ieri?

– Non stavo... Non mi potevo stancare.

– A fare una gita ci si stanca?

– Prof, io sono...

– Sentiamo che altra scusa...

– ... in stato interessante.

Non mi arriva subito, forse per quell'espressione desueta, che suona insieme ridicola e commovente fra le labbra di una ragazzina. O forse mi arriva talmente forte che mi stona. Accadono, insegnando, di questi istantanei cataclismi: una voragine di sotto o un baobab sulla testa, e tu lí, a cadere o restare in piedi, impassibile e illesa. Lucida, provvida, accogliente. Ma stavolta son buona solo a non svenire. Le trova lei le parole per rispondersi: – E stavolta lo voglio, prof.

E dire che a me sembrano tutti bambini. Aurora piú degli altri: una bambina con le trecce. Forse la madre gliele rifà ogni mattina prima di darle l'ultimo bacio, tanto è perfetta la scrima. Aurora arriva, saluta e apparecchia la sua metà banco con cura. La cura che mette nel fare ogni cosa si direbbe terapeutica, e le dà quell'espressione serena, quel suo contegno a modo. In classe era la compagna di banco di Zoran piú gettonata da noi prof perché, come tutte le case costruite sulla pietra, Aurora ha una grande capacità di reggere alle onde d'urto. E le onde di Zoran sono buriane.

Cosí noi docenti la associamo spontaneamente a Barbara e Marzia, ma nei consigli di classe, al momento delle valutazioni, c'è sempre qualcuno che alza le spalle: – Tanta buona volontà, ma è limitata... – Eccolo, sin dalla prima, il massimo dell'analisi che si riesce a fare di Aurora. In effetti, non è piú facile valutare gli alunni volenterosi rispetto a quelli in difficoltà, anzi. È ancor piú sfuggente, piú misteriosa la ragione che impedisce a un alunno di saltare dalla sufficienza piena a una valutazione brillante. Troppo sfuggente e misteriosa per perderci tempo, abbiamo già tanto da faticare coi monelli, per cui si risolve cosí, facendo spallucce. In prima media lei lo chiedeva candidamente: Perché io sette e Marzia nove? Perché io otto e Barbara dieci? Ma a me ha fatto piú male quando ha smesso, quando si è abituata a incassare i suoi voti mediocri convincendosi forse di non poter andare oltre.

Maturerà, mi dicevo, è solo questione di tempo. Aurora ama ed è riamata a casa, si vede subito: sono quelli i pilastri su cui poggia. Aurora cammina a pianta larga su quel filo teso a cento metri dal suolo che per tutti è la vita, e dove la maggior parte di noi trema e traballa. No, Aurora non mi darà pensieri, mi dicevo, all'inizio della prima media.

È la fine della seconda quando la madre, al ricevimento, mi dice che Aurora e i fratelli non si sono mai accorti di niente, il padre è fuori tutto il giorno per lavoro, siamo stati bravi. Ma il mio matrimonio è finito, aggiunge. Avverto un piccolo terremoto, dentro. Aurora adora il padre, adora la madre, non fa che parlare della sua famiglia.

– Magari, chi lo sa, provate a ricominciare, – oso.

– Chi lo sa, – piega le labbra lei, come per lasciarmi contenta. E mi descrive le serate insieme sul divano a guardare la tivú, la pizza al sabato, Aurora non si è resa conto, non deve, per ora. Avverto di nuovo quel piccolo terremoto. Quando Aurora dovrà rendersi conto? Quanto è lungo il countdown? Ci sarò, per allora? La guardo entrare in classe l'indomani a scuola, la fronte di sabbia, la bonaccia negli occhi, la scrima fra le trecce e il suo «Buongiorno» accompagnato da un sorriso. E penso che la storia di Aurora che cammina sicura sul filo teso a cento metri dal suolo è la storia di tutti noi, soprattutto quando non lo sappiamo.

Sono le ultime settimane prima del lockdown quando mi accorgo che Aurora non chiude piú completamente la bocca e la spalanca alla minima novità, come se i polmoni le tagliassero bruscamente l'ossigeno. Quando spiego, ha preso l'abitudine di chiedere immediatamente conferma di ciò che ha capito, e la richiede. All'uscita, mentre tutti fuggono, lei resta qualche istante sulla soglia, come fosse ancora tentata di alzare la mano. Resisto a mia volta alla tentazione di voltarmi. Ma sono certa che mi guardi andar via e, quando mi perde di vista, mi chiamerebbe al telefono per un'ennesima spiegazione, se potesse. Se potesse, ho detto? Be', col Covid ha potuto.

Capitolo quinto

La scialuppa

A scuola, sin dalla prima media, avevo adottato l'appello emotivo: lo avevo imparato a un corso e mi era piaciuto subito. Era il mio modo di dare il buongiorno, di dire sono contenta di vedervi, di sapere come state. Si tratta di chiamare in ordine alfabetico: dopo l'abituale comunicazione di presenza, l'alunno dà un voto da zero a dieci al proprio umore, senza spiegazioni, a meno che non voglia spontaneamente darle lui. All'inizio quelli della 3H, allora 1H, non l'avevano presa bene. Dovette sembrargli un'intrusione nelle loro vite complicate, perché le vite sono sempre piú complicate di prima mattina. Poi, piano piano, ci si erano abituati. La prontezza nel rispondere dei piú sereni era stata d'esempio per i piú ritrosi. C'era chi rispondeva prontamente (e provocatoriamente), chi aveva bisogno di molti secondi per decidere. C'era chi alzava le spalle e piegava la bocca come a dire: e che ne so? neanche fosse un'interrogazione, e si guardava intorno accettando suggerimenti: – Coraggio, Sara, tu sola lo puoi sapere! – E finalmente Sara abbandonava l'espressione dormiente e mormorava un numero. Mattia invece sparava un voto e subito ci ripensava, esitava, si tormentava, infine si correggeva. Buon segno, mi dicevo, stanno imparando a guardarsi dentro. Manfredi poi ne aveva fatto il cavallo di battaglia del suo voluto isolamento, della sua alienazione. Zero, proclamava ogni giorno, invariabilmente.

In prima, il collega di sostegno aveva evitato di concentrarsi su di lui per lasciare che si abituasse alla novità, e i compagni non capivano che ci facesse quel secondo insegnante in giro per la classe.

Ma per chi è il prof? mi chiedono un giorno. Esito a rispondere. Se mi chiedono vuol dire che non avvertono differenze, che Manfredi è uguale a loro. Devo deluderli? Devo deluderlo? O eludere, rinviare, come fanno spesso i genitori alle domande dei fratelli: a che serve dirlo, capiranno da sé, piano piano... Ma quel giorno Manfredi è assente, quando mi ricapita l'occasione? E poi, ai bambini si dice la verità. Me lo ripeto sempre, come un dogma, un ritornello di rosario.

Cosí: – È per Manfredi, – rispondo. Vedo le facce cambiare colore, gli occhi gettarsi negli occhi. – Per Manfredi?! Ma lui è normale... – Già, Manfredi è svelto nei calcoli quando gli conviene, nessuno lo fa fesso, Manfredi. È bravo a nuotare, a pescare. Nessuno di loro aveva mai preso sul serio le sue difficoltà, anzi forse persino quelle lo rendevano «normale», e il suo modo stentoreo, tenorile di parlare, quel suo evitare lo sguardo dell'interlocutore puntando in alto a destra sembrava un'attitudine allo scherzo. Ed ecco, io ho aperto il baratro fra loro. E dalla sua profondità emerge tutta la distanza tra la percezione della disabilità e la sua effettiva facoltà invalidante, una distanza che spesso a noi educatori sfugge di considerare. E che ora ha prodotto in loro confusione e sgomento, un piccolo caos cui mi tocca dare una forma.

Servono i nomi, è compito loro. Perché ti dicono precisamente di cosa aver paura. È indispensabile aver paura di qualcosa, per non averne di tutto.

– Manfredi è un ragazzo autistico, – riprendo. – Fa le cose con piú fatica rispetto a voi, e non sempre ha voglia di stare insieme agli altri.

– E può guarire? – mi chiede Mattia.

La sua domanda è una spina, mi punge due volte, per Manfredi e per lui. Verità, verità, mi ripeto, e intanto spero che non faccia danno, questa benedetta verità.

– È nato cosí, – rispondo. – Ma può migliorare, e tanto. Dobbiamo aiutarlo tutti. Se lo aiutiamo, migliorerà.

Le domande fioccano: mi chiedono di altri alunni della scuola, visibilmente piú gravi, come si chiamano le loro malattie. Cosí viene definita ancora oggi una persona disabile, qui: «malato». «Sei malato» è infatti un insulto molto diffuso, o in alternativa una battuta di spirito. «Mio figlio non è malato!» è la replica che piú spesso ci sentiamo fare dai genitori che non accettano di accogliere i nostri sospetti, di avviare l'iter diagnostico. Oggi i miei alunni hanno scoperto che il discrimine tra malattia e salute può non essere cosí netto, che talvolta è addirittura beffardo, la malattia si camuffa da salute e la salute da malattia e fanno a prendersi gioco di noi.

– Manfredi non è malato, – si ostina Mattia, pensando invece a sé.

– Hai ragione, non lo è. «Malati» qua dentro non ce ne sono.

Manfredi ha passato tre anni con una sciarpa lurida avvolta sulla bocca e io a chiedergli di abbassarla, anzi, a esprimere il desiderio di guardarlo in faccia. Quando glielo chiedo i suoi occhi di zaffiro, tagliati sul viso come da un colpo di sciabola, mi guardano dietro la maschera di Agamennone, o dalle fessure di un elmo medievale. Dalla sciarpa esplodono due guance brufolose e una criniera di ricci che tocca le spalle. Cosí penso che neanche dai ricci Manfredi vuol separarsi, che per portarlo dal barbiere dovrebbero sedarlo. Perché Manfredi è gigante tutto: supera me, supera Marzia, finanche Teo il cestista, ma il suo corpo imponente mi fa pensare al Caino di Trentacoste, un bronzo classico che si rannicchia, pietoso e segretamente furente. Si mette al suo angolo, immobile, oppositivo fin dalla postura, e ogni muscolo facciale sembra aver tagliato i ponti con la sua interiorità. Fatevi i cazzi vostri e andrà tutto bene, ci dice con la sua postura, e con qualche gesto esemplare. Una volta che Zoran ha provato a espugnare la sua fortezza con ripetute azioni di guerriglia, Manfredi si è levato, lo ha sospeso per la collottola a un metro da terra e lo ha lasciato ricadere. Fu una scena epica, spavento mio a parte, e da allora Manfredi si è guadagnato la distaccata deferenza dei compagni, l'ammirazione senza calore che nutri per chi è inarrivabilmente altro da te.

Quando al suo zero finimmo per abituarci: – MENO DUE, MENO TRE, MENO DIECI, – prese a esclamare col suo tono senza tono, che suonava perciò ancor piú perentorio, scendendo ogni giorno piú in basso. Forse l'appello emotivo stava diventando l'alfabeto di chi non usa l'alfabeto per raccontare il proprio disagio, o la propria disperazione. – Addirittura, Manfredi! E che succede? – chiedevo io. Sapevo che non gli avrei cavato mai una confessione, ma già quella minima condivisione con tutti noi era un passo. Adesso Manfredi piegava le labbra per non ridere di soddisfazione sentendo i compagni esclamare di sorpresa ai suoi voti in picchiata. Dunque, un po' ci raccontava il suo malessere, un po' ci marciava per raccogliere consensi, o almeno una manciata di empatia.

Anche Marzia cercava di sabotare il gioco, ma con piú malizia. La sua chioma sembrava prendere fuoco, come tutte le volte che si preparava a una sfida, i suoi occhi puntavano il bersaglio e le guance lentigginose, segnate dalla contrazione della mandibola, si muovevano appena per scandire un no: non aveva nessuna voglia di condividere la sua intimità con quel manipolo di disgraziati. Presto, però, l'appello emotivo divenne per lei l'occasione per manifestare in modo piú eclatante il suo sprezzo. – Due. Uno, – sentenziava secca, e poi si guardava intorno in modo eloquente, o lo diceva senza giri di parole, la Principessa sul pisello: – Considerato chi ho accanto... – Naturalmente chi aveva accanto, che fosse Sara o Teotista, non resisteva alla provocazione, e si affannava ingenuamente a ribattere con un voto piú negativo del suo. Col tempo, lo sprezzo di Marzia si raffinò, si fece sarcasmo: – Fino a cinque minuti fa sarebbe stato otto, poi sono entrata qui, mi sono seduta e... – In fondo era anche questo un passo avanti. Al suo modo da Regina di cuori, da Maleficent, ma stava al gioco.

C'era poi chi cambiava idea in corso d'opera: partiva con tre o quattro, ma a fine turno alzava la mano, chiedeva di correggere: – Posso cambiare, prof? Sette!

– Non piú tre? Va meglio?

L'Aurora o la Barbara di turno assentivano mandando giú il mento. Le vite sono sempre piú complicate, di prima mattina. Poi ti riesce di dimenticarlo, soprattutto a scuola. A questo dovrebbe servire la scuola, soprattutto.

In genere, la media non era delle piú alte: cinque quando andava di lusso. Ma a un certo punto della nostra storia insieme, ci fu sempre Giada a risollevarla. Lei stava verso la fine dell'elenco, cosí salvava in corner il conteggio totale. Stirava un sorriso fragile da dietro il suo vetro ideale e soffiava – Dieci! – dilatando i piccoli occhi celesti per anticipare l'espressione che sperava io avrei fatto, di lieta sorpresa. Non c'ero riuscita con la psicopedagogista, ma con l'appello emotivo sí: dare un senso, una necessità alla sua permanenza in classe. Anche per lei divenne un distintivo. Giada adesso era quella del buonumore garantito, quella cui tutto andava bene per definizione, la risollevatrice di sorti in quel gruppo di anime macilente. – Meno male che ci sei tu, Giada... – si udiva venire da qualche broncio, non senza ironia. – Meno male che c'è Giada! – ripetevo io, cassando soltanto l'ironia. E Giada s'illuminava, per quanto le consentiva il suo pallore.

E cosí, tra una risatina di sufficienza e un voto gonfiato a bella posta, l'appello emotivo giorno dopo giorno era diventato un appuntamento irrinunciabile, al punto che mi chiedevano di farlo anche se entravo all'ultima ora.

– Adesso? – esclamavo io.

– Sí, sí, prof! – ribattevano Zoran o Barbara, con tanto d'occhi per l'urgenza, perché magari c'era stato un diverbio, una lite, e l'appello emotivo, avevano capito, aiutava a pettinare le emozioni: dar loro un voto era simile, solo piú facile che dargli un nome. Ora non ero piú io a chiedere con discrezione: – Due? Come mai? Vuoi dirci qualcosa? – Erano loro a illustrare dettagliatamente le ragioni. L'appello emotivo ormai si protraeva per un quarto d'ora, era uno spazio franco di sfogo, un terreno di scontro e confronto. Era diventato, insomma, la nostra casa. La casa dove si piange, si ride, ci si arrabbia, ma c'è pur sempre un tetto sopra e delle pareti attorno, cosí ci pensi due volte prima di lasciare tutto.

Poi un giorno ero arrivata in fondo all'elenco e mi apprestavo a iniziare la lezione.

– E tu, prof? – mi puntò Barbara, lo sguardo severo che puntava su sua madre.

– Io cosa? – e mi sentii subito perdutamente idiota. Ma chi mi credevo di essere, la psicologa del centro di ascolto, l'addestratore allo zoo, l'antropologa in Papuasia? Come potevo pretendere le confidenze dei miei alunni se non ero disposta a concedere le mie? Non era come a lezione, coi ruoli ben distinti: io sopra e loro sotto, io davanti e loro appresso. Qui si trattava di essere persone, un concetto che non prevede ruoli e distinguo. Qui eravamo tutti sullo stesso piano: doveva essere la prima regola, o saltava il banco. Questo mi dissero, in uno sguardo solo, gli occhi di Barbara e di tutti dietro ai suoi.

– Oh, certo. Io... Grazie di avermelo chiesto... Io, be'...

Caspita, com'era difficile dare un voto al proprio umore, in un gioco che per la sua semplicità ti chiama a essere semplice, cioè sincero. E in cosí poco tempo, poi. Ora capivo le prime difficoltà dei miei alunni, le loro titubanze, il dolore che può procurare fare un rapido résumé delle beghe familiari, gli incubi, i brutti pensieri, se per caso non c'è un evento abbagliante che mette in ombra tutto il resto, al centro del cuore. Ma gli eventi abbaglianti non capitano, come si suol dire, *ogni due per tre*.

– Io... – esitai ancora – Sette... Sí, sette! – e la classe, rimasta a librarsi nell'attesa, planò. Avevano temuto che me ne uscissi con un pretesto, un rifiuto, una regola scritta apposta per me. – Che per un adulto, ragazzi, è un votone! – aggiunsi. E da allora fu naturale che dichiarassi giornalmente in coda al loro il mio voto, e divenni anch'io sempre piú sciolta, piú capace di dare del mio stato d'animo una valutazione «trasparente e tempestiva», come recita lo Statuto delle Studentesse e degli Studenti a proposito dei compiti in classe. Al punto che se eravamo in compresenza, era ovvio chiamare in causa il collega, che lí per lí reagiva come me la prima volta: Cazzo mi chiedi, diceva la sua faccia interdetta, poi ci pensava un attimo e finiva per stare al gioco. Col tempo divenne cosí scontata la mia partecipazione che a volte arrivati all'ultimo si dimenticavano di me, prendevano ad armeggiare con gli zaini, sciorinare quaderni.

– Ehi, e il mio voto?

Ci restavo quasi male, ecco.

– Scusa, prof.

Cosí il primo giorno di Dad riproposi l'appello emotivo. Pensai fosse un buon modo per tornare a casa, o da quelle parti. Lo proposi, non dissero né sí né no. Iniziai. Ma il primo era assente, il secondo non aveva buona rete, il terzo non sentiva, il quarto sentiva ma aveva il microfono rotto, e il quinto e il sesto c'erano, sí, dietro i loro oblò, ma sembravano sott'acqua. La mia voce doveva arrivargli da lontano, attraverso metri di profondità, deformata e indecifrabile, e non per colpa della rete. Mi sentivano e io avrei sentito loro, ma c'era come un mare fra noi, e ci teneva distanti, come fa il mare con le isole, dirada, disperde, fa pochi i tanti, e persino la luce fatica a passare, pensa il tepore, l'odore, la vibrazione di un sí e di un no. Di un dieci e di un due. Altro che casa: il mare non è brutto, ma è l'esatto contrario. No, avevano ragione loro: l'appello emotivo in Dad non si poteva fare.

Ingoiai amaro e passai a prendere il libro di grammatica. Ma anche i libri erano andati dispersi. Per non parlare dei quaderni, fitti fitti degli appunti di tre anni, schemi facilitatori, mappe concettuali. Qualcuno qua e là si trovava pure, ma come si ritrovano bauli a galla dopo un naufragio. Ecco cos'era lo stato di emergenza, per la scuola: un naufragio. Ci aveva investiti inatteso, ci aveva trovati impreparati, ci aveva fermato i motori, scassato la nave, dispersi tutti. Ora, finita la tempesta, tiravamo fuori le teste dall'acqua, ci aggrappavamo ai primi appigli, ci chiamavamo disorientati da un capo all'altro della marina.

E in effetti questo fu, per molto tempo, la lezione in Dad. Un continuo chiamarsi. Una telefonata collettiva. Spesso il video appesantiva la rete e rallentava la connessione: pochi alunni potevano mostrarsi, e quei pochi, a fronte dell'assenza degli altri, sceglievano di non farlo. Cosí era una telefonata a dieci, quindici voci, lo sforzo ininterrotto di distinguerle, non sempre facile quando la risposta a una mia domanda la davano in quattro. – Chi l'ha detto? Chi ha risposto? – chiedevo. Ma avevano risposto tutti, se era corretta. Diversamente nessuno.

Perciò ho rinunciato presto alla grammatica. Passavo pomeriggi a creare esercizi ad hoc, li pubblicavo su WeSchool, programmavo la scadenza, la postavo nel wall, la comunicavo in chat, la rammentavo il giorno prima. Risultato: a fare gli esercizi, e neanche tutti, erano in tre o quattro, sempre gli stessi. L'ho fatto, di tirargli le orecchie in videolezione. Risposta: silenzio. Sciopero bianco. Protetti dietro lo schermo fisso della connessione debole, i miei alunni tacevano, sordi ai miei richiami. Resistenti passivi.

– Sara, parlo con te! Mattia, mi senti? – Un senso di inanità mi pervade, la mia voce non è un braccio, un pugno sul tavolo, una scrollata di spalle, la mia voce chiama nel deserto.

Succede tutte le volte che altero il tono, che mi faccio severa, pretendo impegno. Silenzio. Sciopero bianco. Li immagino con le braccia incrociate, dietro i loro schermi. Le labbra serrate. Le orecchie chiuse da auricolari che mandano altro. Resistenti passivi. Mi incazzo, naturalmente. Loro lasciano che mi incazzi, che sproloqui sulla responsabilità, la maturità, la scuola superiore. Aspettano che finisca, in silenzio. Resto in silenzio anch'io, un silenzio teso come fili per stendere senza bucato, guardo oltre Giada che è lí sorridente, col dito alzato perché lei li ha fatti gli esercizi, e vorrebbe rispondere, ormai dimentica che i compagni esistano, ridotti a interferenze, piccoli disturbi di connessione nel canale unico delle trasmissioni tra lei e i prof. La scavalco Giada, mi appendo a quel filo, resto lí a oscillare. Cosí o lo ascolto o lo ascolto, il silenzio, altrimenti cado giú. E a via di ascoltare, sento.

Sento che anzi è educata come risposta, il silenzio, perché dentro c'è tutto quello che i miei alunni non mi dicono, le liti a casa perché papà ha perso il lavoro col Covid, e mamma non può andare a servizio; che stare connessi a fare i miei esercizi toglie un sacco di giga, e cosí pure le videolezioni che ho mandato, e la scuola sí, ha dato le carte prepagate, ma il gestore se li è presi tutti per il debito pregresso i venti euro, e ora mamma deve metterne altri venti, appena li ha. Sento che sí, andiamo a letto tardi e ci svegliamo tonti, ma è per scordarci del giorno che viviamo di notte, perché stare a casa tutti stretti, il nonno con l'Alzheimer e papà col nervoso, ci alza il sipario su cosa succede a casa quando siamo a scuola ed era meglio che restava chiuso. E fare gli esercizi di grammatica senza andare a scuola è come sposarsi senza ficcare, che un poco ficcare te le illumina le seccature, o almeno per mezz'ora te le scordi. E fare gli esercizi di grammatica dentro un mondo che si sfa come il biscotto nel latte del mattino lo capiamo che è un modo per far finta che è tutto normale, lo capiamo che è un modo per non precipitare, ma sei sicura che non ce n'è uno migliore?

– Studiare aiuta a superare i momenti difficili! – proclamavo a scuola. Se uno strillava per una lite col compagno, se una piangeva per magoni familiari, – Studia! – dicevo. – Ti sentirai meglio –. Chi mi dava retta, mi dava poi anche ragione. – Disciplina, – proclamavo, – e distrazione. Lo studio fa l'una e l'altra! – E adesso pretendo di fare lo stesso. Seguire a testa bassa il binario tracciato nella nebbia, che siano gli esercizi di grammatica o la siepe de *L'infinito*, scagliato verso non so che purché sia lontano da tutto questo. Ma adesso non sono piú a scuola, in mio potere, gli alunni, quelle cinque sei ore in cui si spogliano della vita loro come di una divisa. Adesso sono a casa, sotto l'egida dei guai di famiglia, delle dinamiche malate, della sfiducia, della frustrazione. La scuola a distanza è vicinanza delle case, incombenza, trista influenza dei destini. La scuola a distanza è immanenza, permanenza, aderenza, impossibile dimenticanza, quella dimenticanza di sé che fa spazio all'immaginazione, che è illusione a volte e a volte opportunità. Cosí ho smesso di pretendere e rimproverare. E ho smesso di fare grammatica.

Leggiamo il libro, gli ho proposto allora. Hanno capito subito. «Il libro» per antonomasia è un romanzo che hanno acquistato nell'ambito di un progetto: alla fine dell'anno avremmo dovuto incontrarne l'autore. Ora non sappiamo piú se lo incontreremo questo autore, ma il romanzo l'avevamo iniziato in classe e poi tutto si è fermato, anche la lettura. Qualcuno ha lasciato la copia a scuola, qualcun altro non la trova. – Okay, leggo io, voi ascoltate, – replico.

Ci sono abituati, fin dalla prima media. Tutti intorno a me, o seduti dove capita, dove vogliono, in classe. Se vogliono distendersi su un banco, su un compagno, per terra, se vogliono dormire persino, facciano pure: il divieto è uno solo, interrompere. Ascoltare è la cosa piú difficile da imparare, in questi tempi di dittatura della visione, cosí se gli occhi sono chiusi meglio ancora. L'ora di lettura non è un compito in classe né a casa. Non è un compito, con la scuola non c'entra. Abbasso riassunti e schede di comprensione. Da alunna, mi toglievano tutto il piacere di leggere. Cosí ho inventato l'ora di lettura come ora d'aria. Certo, anche l'ora d'aria si impara. La voglia di disturbare gli altri, di approfittare dell'assetto libero, di trasformarlo in caos affiora da sé, in prima media. Già solo non stare dietro quelle piccole carceri che sono banchi e sedie, spazi angusti e delimitati, confini e dogane ovunque, scatena fiumi in piena di anarchica ebbrezza. È piú difficile rispettare le regole nella libertà che sotto repressione, ma nella libertà impari, sotto repressione sopporti e scoppi appena puoi. Cosí l'ora di lettura è una palestra di libertà, lo sport piú difficile da praticare.

Molto dipende dal libro. Tanto altro dalla voce. Il libro deve essere vero, sincero, scritto da scrittori (una fetta di torta fatta in casa, non un libro-merendina confezionato in stock). La voce deve essere alta, limpida, deve vibrare come uno strumento a corda e a suonarlo dev'essere l'emozione; deve allagare le orecchie come il mare, pesare come una mano sulla testa; imporre il silenzio senza urlare, riuscire da sé quasi sacrale. Dispiacerà a tutti che s'interrompa e, se qualcuno lo fa, si rimprovereranno fra loro. Quando, un mattone al giorno, si è costruita l'ora di lettura, non è detto che a tutti piaccia, che non subisca guasti da aggiustare, ma tutti la riconoscono come luogo amico, tetto che ripara. È uno spazio segreto e condiviso. Ognuno, da solo, vi si perde insieme agli altri. Cosí quando ho detto «leggiamo il libro» non ho avuto bisogno di specificare il titolo, di precisare la materia: nessuno avrebbe mai pensato che mi riferissi a epica o antologia. Tutti hanno riconosciuto l'indirizzo e il numero civico, perché tutti, chi piú chi meno, hanno abitato quella casa; e tutti, chi piú chi meno, vi sono stati almeno una volta, se non felici, sereni.

– L'ho lasciato a scuola, Pro!

– Non importa: ascoltate.

Ora, in Dad, galleggianti e dispersi nella rete, getto questa scialuppa, l'ultima cui aggrapparsi. Il libro è *Da che parte stare*, di Alberto Melis, che racconta la vita di Giovanni Falcone e Paolo Borsellino. Recuperiamo insieme la memoria di quanto letto in classe: ricordano poco e male, la chiusura di nuovo mi sembra essere passata come uno tsunami sulle loro teste. Pezzo a pezzo, a fatica ricostruiamo il puzzle. Ricomincio da dove avevamo lasciato. Mi pare di leggere allo specchio in realtà, ma voglio credere che il silenzio dietro sia affollato, sia fiato sospeso. Ci pagano per illuderci, noi prof, l'ho già detto. Forse per questo ci pagano poco.

Ne ho parlato tutte le volte che ho potuto, in questi anni, di mafia. L'anno scorso siamo andati a visitare il museo Falcone-Borsellino. Giovanni Paparcuri, sopravvissuto alla strage di Chinnici, poi braccio destro durante la preparazione del Maxiprocesso, oggi dedica la sua pensione a tenere aperte le tre stanze-bunker del Tribunale dove i due magistrati hanno lavorato per anni. È un uomo rude e amaro, il suo sorriso si apre sui ragazzi come una ferita, ma negli occhi ha la febbre di chi ha mani per cambiare le cose. Ha un volto asciutto e sotto un corpo sfregiato dalla storia. Parla in dialetto, scherza coi modi che sono i loro, ma non ammette sorrisi né registri bassi quando si nominano i due giudici. «Laureati erano! Devi dire "dottore Falcone", "dottore Borsellino", cu su', i to' frati?» investe ogni volta il malcapitato che si azzarda a fare una domanda senza aggiungere il suddetto titolo. E dopo di lui, nessuno sbaglia piú.

Non è facile stare due ore in piedi in quel sotterraneo

senza fiatare, il caldo è opprimente, la narrazione pure. Ma Giovanni li cattura tutti col suo sguardo rapace. Nella stanza del dottore Borsellino li fa sedere per terra. Mostra il giubbotto e la ventiquattrore antiproiettile che il ministero aveva fornito al magistrato e che non funzionarono mai.

Quella mattina Zoran è irrequieto, Teo distratto. Ma Giovanni ormai è esperto di giovani uditori. Torna col racconto alla strage di cui da uomo di scorta è stato vittima. – Le vuoi toccare le mie ferite? Vieni, – dice all'uno e all'altro. Zoran e Teo, golosi e inorriditi, esitando si avvicinano. Gli altri ammutoliscono. – Vieni, tocca. Con un dito, qua –. Offre a ciascuno l'area della clavicola. I due ragazzi, improvvisamente rimpiccioliti, si fanno avanti, poi sono come respinti da un campo magnetico intorno a lui. – Coraggio, tocca! – Teo tende un dito che pare un mignolo, rigido come fil di ferro. Tocca e gli occhi zompano, si fa verde in faccia. È il turno di Zoran, la sua espressione furba e scafata si spegne, per un po' lascia spazio a qualcosa che si sforza di non essere stupore. Tornano a posto col dito teso, si vede che gli sta ancora addosso la sensazione provata.

Non ho resistito, all'uscita.

– Ma che hai sentito? – ho chiesto a Teo.

– Non c'era niente sotto, prof! Non ho sentito niente... – mi ha detto, il volto terreo, gli occhi ammirati.

Quest'anno avevamo iniziato parlando di ambiente. Avevo raccontato loro della raccolta gratuita dei rifiuti ingombranti. Non ne avevano mai sentito parlare. Evidentemente nessuno nel quartiere fruisce di questo servizio.

– Qui da noi c'è Fefè! – mi aveva informato Mattia. – Fefè 'u fissa.

– MALATO, – aveva aggiunto Manfredi, con l'aria di chi se ne intende.

E gli altri in coro assentivano. Appresi che il tale Fefè

girava ogni sera di porta in porta per prelevare l'immondizia in cambio di qualche euro.

– E se poi devi buttare una lavatrice o un frigo, i nostri genitori chiamano a lui.

– E dove li butta, lui?

– A mare, – aveva avuto solo Mattia il coraggio o l'imprudenza di continuare, perché gli altri cominciavano a capire dove stava andando a parare la conversazione, e si erano fatti ritrosi.

– Come a mare?!

– Se vai allo Scaro, prof, se ti tuffi, lí sotto è pieno. C'è un negozio, prof, lí sotto, c'è una città!

– Fefè 'u fissa, insomma, tanto fissa non è! – saltai su. – Chiede soldi per un servizio che il Comune offre gratis e inquina alla grande! Ma vi rendete conto del danno che fa al vostro mare, ai pesci che pescate? – e li portai a riflettere sul fatto che il compenso allungato a Fefè 'u fissa era un pizzo sotto le mentite spoglie dell'elemosina. Parlammo della differenziata, che Fefè per quei pochi spiccioli di certo non si attardava a osservare, e dello smaltimento illegale dei rifiuti, che è la mafia a gestire o, nel migliore dei casi, consentire. – Fefè, nel migliore dei casi, è sfruttato dalla mafia, – dissi.

Mi guardarono stralunati. Fefè, per quanto «malato», era uno di loro. Il suo modesto lavoretto serale era sempre sembrato socialmente utile alla comunità, oltre che una carità meritoria e meritata. I loro sguardi su di me erano uno solo, corale: sospeso tra credermi o denigrarmi, giudicarmi eretica o illuminata. Quando scoccano di questi sguardi, i ragazzi, è come avere appena conquistato una terra, lo stesso esaltante sgomento, perché laddove hai appena distrutto c'è tutto da ricostruire. Ce la farete? Ce la farai? Dipende da quanto dolorosa è stata la distruzione, e da quanta fiducia hanno in te. Ma comunque andrà, è impagabile il momento in cui ti si spalanca davanti quella prateria del possibile, quell'alba, lo stupore dell'apprendimento che tutto sovverte, che abbaglia. Loro stringono gli occhi, si portano la mano alla fronte per ripararsi e guardare lontano.

Ma può accadere che subito dopo tornino al riparo, si chiudano in difesa, e la loro difesa è l'abulia, il qualunquismo, l'ostentata amoralità. Scagli le frecce: rimbalzano; tiri le pietre: si sbriciolano. È sempre difficile ricostruire dove hai distrutto, ingrato è il popolo e ostile la terra. Allora un senso di inanità ti prende, perché quanto puoi dire e fare sembra restare a galla, non li tocca. Ci vuole tempo, il tempo non è condizione sufficiente, ma necessaria. E il tempo quest'anno ce l'hanno rubato.

Cosí continuiamo a ricostruire la trama del «libro», una mattina in videolezione, come fosse una storia qualunque, come se tra *Da che parte stare* e *Biancaneve* non corresse alcuna differenza, e io che devo aiutarli a ricordare perfino nomi e ruoli dei personaggi mi sto avvilendo. Quando mancano gli ultimi dieci minuti interviene Barbara, oggi eccezionalmente presente e dotata di rete: – Perché hai scelto questo libro per noi, Pro?

Resto senza parole. La rivedo di colpo bambina, lo sguardo duro su sua madre ora lo sento puntato su di me.

– Perché siete in terza, e io in terza affronto sempre questi argomenti, – comincio, girandoci attorno. – Le terze partecipano alla Giornata della legalità, e allora ci prepariamo... – Ma no, no. Devo essere all'altezza della sua sincerità, anche se la mia sarà una freccia dritta al suo cuore, ma il suo, il loro cuore è a quell'altezza. – ... e perché questo libro racconta di cose che accadono anche nel nostro quartiere. La mafia non è nei film o al tg, la mafia l'abbiamo intorno, ci conviviamo. Dobbiamo riconoscerle queste cose, per rifiutarle.

Silenzio, dall'altra parte. Ma stavolta non è lo sciopero bianco. È un silenzio affollato, teso. A tirare, il peso sento. Adesso sí, sono aggrappati. Mattia ricorda la retata che ha coinvolto il papà di un ragazzo della 2G: erano gli ultimi giorni di scuola prima di Carnevale e dello tsunami, ma non lo sapevamo ancora. Emanuele interviene: – La-la po-posso dire u-una cosa? Perché non so-so se-se la posso dire...

– Tu dilla, poi si vede.

– Il pe-pescivendolo vicino da me-me gli chiedevano il pi-pizzo e ha denunciato.

– Bravo pescivendolo! Dimmi dove sta, che mi servo da lui.

– N-non ho fini-nito, Pro... A chiedergli il pizzo era lo zi-zio di Marco, quello della 3L.

– Be', non è colpa di Marco, ma speriamo che Marco non la pensi come lo zio. E ora che l'hai detto, ti dico che non solo potevi dirlo, ma dovevi. Però ci vuole coraggio, Emanuele, e ti ringrazio.

E appena lo dico, un flash. Emanuele, a scuola, aveva scritto un tema sulla visita al museo Falcone-Borsellino, visita che aveva seguito con grande attenzione. «Un giorno vorrei diventare come loro che hanno combattuto l'ingiustizia, vorrei fare il poliziotto, ma sono sicuro che molti qui non sarebbero contenti». Una stretta al cuore, a quella frase buttata lí, tra le altre canoniche. Gli avevo fatto notare gli errori di ortografia e poi gliel'avevo indicata: – Perché? –, la domanda piú stupida del mondo. Emanuele mi aveva guardato e aveva rinunciato a balbettare: aveva alzato un colpo di mento. La risposta piú intelligente del mondo. Ora so per certo che pianta è Emanuele: alloctona, esotica, viene da un altro continente, un vento distratto o fantasioso deve averne lasciato cadere il seme qui; ci è cresciuto in parte adattandosi, in parte soffrendo. E io da qui posso solo innaffiare e sperare che i suoi rami buchino il soffitto, che le sue radici spacchino questa terra, che rifiuti ogni innesto, e i fiori e i frutti ci portino il profumo del bellissimo mondo da cui proviene.

– Pro, ma... tu non ti scanti? – mi riscuote Aurora, che

parla per tutti usando quel termine che nel nostro dialetto significa «spaventarsi». – A parlare di queste cose, dico... – e trattiene il fiato. Capisco che c'è preoccupazione per me in quell'affermazione, sotto strati di atavica omertà.

– Emanuele non si è scantato, ed è molto piú piccolo di me. E poi faccio l'insegnante per questo, per parlarne.

E intanto abbiamo sforato i cinquanta minuti fissati come soglia massima, il collega dell'ora successiva ci sollecita in chat.

– Dobbiamo fermarci, ragazzi. A domani.

– A domani...

– A domani...

– A domani, Pro...

– Pro... Una cosa: non ci torniamo piú a scuola?

Quando spengo l'aula virtuale mi sento ebbra e rapita al mondo, come quando hai appena fatto l'amore e contempli con stupore l'epifania di un miracolo, l'unico che a noi mortali sia consentito osare: comunicare intimamente.

Capitolo sesto

Didattica a domicilio

Zoran e Manfredi spesso non partecipano alle videolezioni mattutine. Manfredi dorme e non c'è modo, o i genitori non lo trovano, di tirarlo giú dal letto: la sua diagnosi è un alibi di ferro. Zoran non dispone di un telefono con la connessione, dipende dall'apparecchio di sua madre, e sua madre non c'è mai. Ormai conosco dei ragazzi e dei loro genitori orari e abitudini, tanto li ho braccati; ma l'atteggiamento di degnazione con cui mi vengono accordati giorno e ora assomiglia a quello concesso al piazzista di materassi o depuratori d'acqua per una dimostrazione a domicilio.

Per le tre del pomeriggio però Manfredi è sveglio e abbiamo chiesto ai compagni di unirsi a turno a lui, ma l'unico che ha risposto con entusiasmo è stato, neanche a dirlo, Mattia. Il germe del loro sodalizio è sbocciato l'anno scorso, un giorno come un altro in cui Mattia era intento ai suoi schizzi frenetici. Gli avevamo chiesto cosa disegnasse. – Vediamo se lo capite! – ci aveva sfidato. E pochi minuti dopo, orgoglioso, ci aveva mostrato il suo lavoro. La classe era rimasta dieci secondi muta a fissarlo, poi: – Sí, vabbè! Pare che quello ride mai!... – si era udito dal mucchio. Io, intanto, mi sforzavo di non commuovermi davanti alla caricatura di un Manfredi sorridente e all'idea, geniale in sé, di una caricatura che non critica, ma auspica, desidera, propizia.

Cosí li incontriamo insieme, io e il collega di sostegno, e diventa un appuntamento fisso. Mattia il telefono lo inquadra seduto al tavolo di cucina, con una merenda im-

bandita davanti: – Ne vuoi, Pro? – ammicca, e mi tende un boccone dallo schermo, perché un attimo prima io ho esclamato: – Che, non si offre? – Manfredi invece fa la mucca feroce: MMMMMMHHHHH. Vuole che finisca al piú presto lo strazio della videochat. Se per lui era già difficile impegnarsi a scuola, la didattica a distanza è un raffinato strumento di tortura. Leggiamo piccoli brani, pongo semplici domande di comprensione, ma dopo quindici minuti i due sono stremati, Mattia scarabocchia sulla tovaglia di cucina, Manfredi intima: – PRO BASTA PRO, – e io mi avvilisco, pensando ai suoi piccoli progressi sbucati a inizio quadrimestre che il vento della pandemia ha già estirpato.
– Lo fermerei un anno, – ho confidato in questi giorni al collega. – Con le sue difficoltà, al superiore, dovrà ricominciare da zero...

In prima, a pranzo univamo i banchi per realizzare una tavolata. Lui prendeva scientemente posto altrove. Alla domanda del perché non si unisse, uno scatto del mento mi doveva bastare. Troppe cose dovevo farmi bastare. Che trascorresse il suo tempo zitto e buono davanti al telefono, per esempio: i ribelli a scuola ci s'incantano per ore, e la lezione scorre liscia. È come se l'irrequietezza che hanno dentro fosse rapita da quelle frenetiche animazioni. I giochi elettronici mettono in scena tutto il trambusto che i ragazzi hanno in corpo, il fremito nelle ossa, la fame di adrenalina, ed è, aristotelicamente, catarsi: peccato non purifichi. Anche Manfredi chiedeva solo di potersi incantare, fatevi i cazzi vostri e andrà tutto bene. A me però l'incantatore a cristalli liquidi non fa simpatia, e non gradisco il suo contributo sedativo all'andamento della lezione. Cosí a Manfredi, in questi anni, piú di una volta ho scippato il telefono. Non è stata una prova di forza fisica, non ci sarebbe partita. La prima volta gliel'ho sottratto dal banco. Lui mi ha sfregiata coi suoi occhi di zaffiro e si è levato. Non gliel'ho dato. Ha barrito un vaffanculo, non gliel'ho dato. Ha battuto un pugno sul banco, ha fatto volare due sedie, una l'ha rotta, non gliel'ho dato. Ho lasciato che devastasse mezza aula, ma non gliel'ho dato. Restavo io, da devastare. Ma non gliel'ho dato, e Manfredi se n'è andato.

Un giorno scopro che è ossessionato dagli insetti: li disegna a grandezza naturale, nei minimi dettagli, perfetti, e perfettamente li ritaglia, cosí che non un millimetro di bianco rimanga nel disegno e il disegno non sia piú tale, ma una creatura cui manchi solo il soffio divino e una stampante 3D per esser viva. Cosí gli tolgo il telefono e gli fornisco l'occorrente. – Insegna a Mattia, – lo invito. – Posso, prof? – replica l'altro, e non gli pare vero. Il suo tratto vignettistico, nervoso, ha molto da imparare dalla maniacale cura del dettaglio di Manfredi, cosí guida rapido la sua sedia lí accanto e sta a guardarlo per ore. È stata sua l'idea di finalizzare le creazioni di Manfredi: farle trovare sul banco o sulla sedia delle ragazze, che puntualmente urlano di terrore. E Manfredi ha cominciato a sorridere.

Ma la sua fissa della perfezione è l'altra faccia dell'immobilismo, del blocco interiore. Non muove un mignolo, Manfredi, se non ha in tasca il premio Nobel. E al minimo errore mette le braccia in croce e copre il volto.

– Coraggio! È una sciocchezza... – e gli poso una mano sulla spalla.

– NON TOCCARE NON TOCCARE, – grida lui, puntando lo sguardo in alto a destra.

E io alzo le mani, come se mi arrendessi. – Dài, che cancelliamo.

– MMMMMHHHHH.

Esistono mucche feroci? Manfredi ne è la prova vivente. Ma se si domano i leoni e le pantere, anche le mucche feroci devono cedere, prima o poi. A questo sto pensando ora, mentre scruto il mio schermo spartito fra i due alunni alla disperata ricerca di un appiglio per riconquistarli.

– Ehi, riconosco la strada alle tue spalle! Abiti vicino a scuola, Mattia?

– Sí, Pro. Adesso ti faccio vedere! – e trasporta sedia e telefono in modo da inquadrare la finestra, la strada che incornicia. – Questa è la bicicletta di mia sorella, Pro –. Vedo un catorcio buttato su un gradino.

– E GUARDA IO PRO, – si eccita Manfredi a sua volta, anche se dal tono non si direbbe, ma lo capisco dal diaframma che si leva, dal rombo che cresce. Anche lui si adopera per inquadrare squarci di visuale: – LA MONTAGNA PRO, – ma io vedo solo auto parcheggiate e immondizia.

– Facci vedere dove abiti tu!

– FACCI VEDERE PRO.

Esito, mi sembra un'intrusione, ma penso subito dopo che non posso tirarmi indietro, loro mi hanno aperto casa e devo ricambiare, come quando ti invitano a pranzo: rifletto alla velocità di diecimila chilometri orari, perché le decisioni piú importanti a scuola hai da prenderle sempre nel giro di due minuti secondi, ed è per questo che si fanno un sacco di errori. Avessimo a disposizione il fermo immagine, stopperemmo tutto e ci prenderemmo un buon quarto d'ora, magari in compagnia di un caffè. E invece la tempistica ti costringe a scelte non meglio ponderate di un lancio della moneta. A volte l'istinto ti travolge, altre ti carcera la prudenza. Questo è diventata la scuola? mi sono chiesta oggi pomeriggio. Questo abbattere confini e ruoli? Questo sbracamento di privacy? È sano? Funziona? Ma per quanto andassi a diecimila chilometri orari, Mattia e Manfredi erano piú veloci di me.

– Pro?

– PRO.

– Ma certo, vi faccio vedere…

Cosí il mio telefono ha attraversato una casa grande, parchettata, è scivolato su mobili Molteni, su paralumi Artemide, ha inquadrato il balcone inondato di luce e la visuale da cartolina su Villa Igiea, gioiello del liberty noto in tutta Europa. Il collega non ha mancato di commentare: – Lí abiti? Che meraviglia… – ma io non gli rispondevo, guardavo gli occhi grossi di Mattia e Manfredi, le loro bocche schiuse.

– È uno degli edifici della famiglia Florio, ce ne sono tanti in città, anche nel vostro quartiere, – mi sono messa a spiegare. – Vedete, abbiamo delle cose in comune... – ho concluso, patetica.

– È veramente un posto stupendo... – insisteva il collega, ma io ormai lo odiavo, e odiavo piú ancora me stessa per quel paragone che non avevo previsto schiacciante, infausto, e non avevo avuto l'intelligenza di evitare. Cosí, sopraffatta dal disgusto, sono rientrata in casa oscurando la videocamera.

Mattia e Manfredi sono stati piú bravi di me. Dopo quell'attimo di cupa desolazione, hanno rialzato la testa: – Guarda, Pro! Guarda che si vede da casa mia... – Manfredi è salito in terrazzo, Mattia ha teso il braccio piú in alto possibile sul davanzale, e mi hanno pericolosamente inquadrato squarci di monte, di mare. Mi sono profusa in esclamazioni di plauso, di meraviglia. Ci siamo salutati col sorriso, io umilmente grata che ancora me lo rivolgessero.

Ma la piú bella rivincita se la sono presa un mese dopo. Verso la metà di aprile, infatti, i collegamenti hanno radicalmente mutato location. Manfredi e Mattia appaiono a lezione per i vicoli o in riva al mare. Hanno ripreso a uscire, dando un'interpretazione personale dell'ordinanza che consente l'attività fisica all'aperto, e la lezione si svolge cosí, en plein air. La sedia di Mattia, agguantata dal gigante Manfredi, va col vento, e i volti dei due ragazzi rispecchiano l'ebbrezza della ritrovata libertà.

– Che meraviglia, Mat! Fammi vedere il mare... – e lui fiero inquadra un campo lungo che abbaglia lo schermo. A me e al collega i volti si affilano e impallidiscono di desiderio a quel miraggio di aria, di festa di luce.

– È BELLO PRO, – tuona Manfredi, i ricci al vento, e il vento lo conferma al microfono col suo fragore.

Ma dopo un po', quel collegamento dalla sedia in corsa ci dà alle tempie: – Fermatevi, però! – imploriamo noi prof, già in preda alla nausea.

– Sí, sí, arriviamo... – e fino all'arrivo ci sono tappe panoramiche, soste autobiografiche (questa è casa di nonna, qua è dove mio padre conserva la moto), incontri con amici che ci troviamo costretti a salutare: – Lui è Salvatore, Pro. L'anno prossimo è in prima. Saluta i professori, Salvatò! – Il ragazzo inquadrato abbozza un cenno, e noi a pappagallo: – Piacere, Salvatore, – come se non fosse tutto assurdo.

Infine, esigiamo un quarto d'ora di concentrazione. I due ragazzi si fermano sugli scalini che portano in spiaggia e finalmente là si rassegnano a sopportarci per un po'. Ma col loro mare imbizzarrito davanti alla faccia non c'è verso di parlare d'altro, e il collega ha la buona idea di proporre un percorso a tema per la tesina d'esame. Dobbiamo provare a collegare tutte le materie. Arte, per esempio.

– Di che colore è il mare adesso, vediamo?

– Blu?

– No, Pro. Il mare non è di un colore solo.

– NON UNO TANTI...

– Aspettate, ragazzi. Vi condivido qualcosa... Ecco. Vedete?

– No.

– Adesso?

– No.

– NO.

– Adesso?

– Sí sí, Pro!

È *Il mare a Les Saintes Maries* di Van Gogh.

– Questo pittore rappresenta il mare proprio come dite voi.

– Non è solo blu, Pro. È grigio, bianco, giallo...

– VERDE ARANCIO SABBIA... – e fanno a gara a trovarci tutti i colori tra le pennellate. Anche quelli che non ci sono.

– Ma io questo qui me lo ricordo, – fa infine Mattia

aggrottando le sopracciglia, con quell'espressione di atavica diffidenza verso il sapere che ha imparato a rubare agli adulti.

– Chi? – insinuo.

– Questo... come si chiama?

– Come si chiama?

– PITTORE, – esclama Manfredi, cacciando uno dei suoi do di petto.

– Pittore, sí!

– Ne avrete parlato a scuola con la prof di Arte.

– Van... Van...

– Van, bravo! Van Gogh, si chiama, – e scambio col collega uno sguardo d'intesa da schermo a schermo: collegamento ad Arte fatto!

– Ok, Pro, adesso basta, ciao! – tronca di netto Mattia, come tutte le volte che una piccola conquista lo autorizza ad accontentarsi; o forse ogni piccola conquista lo affaccia sull'universo di quelle possibili e spaventato se ne ritrae: forse imparare non è che questo, allenarsi a vincere la paura di sapere.

Ma in effetti tra tour virtuali, incontri in diretta e il grande olandese il tempo è volato. Manfredi segue a ruota: – CIAO PRO NI VIRIEMU, – e cliccano e ci lasciano lí, ad assaporare quel frammento di inferenza in un oceano di divagazioni, una sensazione frequente nel nostro mestiere, quando ti pare di nuotare invano in quelle menti, senza fari e senza appigli, e poi inattesa compare una barca, poi un'altra, magari tre all'orizzonte, e bastano a darti la rotta, o da sperare o illuderti fino all'indomani. Una condizione cui *Il mare a Les Saintes Maries* di Van Gogh farebbe bene da copertina.

Ma quella in diretta dalla sedia a rotelle non è stata la piú strampalata delle videolezioni. Uno degli assetti piú frequenti, negli ultimi tempi, è da sotto le coltri. Si tratta di Zoran, che deve attenersi agli orari in cui sua madre è libera, e che sono in evidente conflitto coi suoi bioritmi. Ci appare in un'inquadratura orizzontale o trasversale, nudo fino al petto, gli occhi gonfi, le sopracciglia inarcate per tenere le palpebre su. Ogni volta che apre cosí il collegamento un moto di pudore mi prende. Zoran è una curiosa combinazione di uomo e bambino, con qualcosa di irrisolto e perturbante, come nei centauri e nelle sirene. È basso, non mostra pelurie, ma a me che lo conosco da tre anni non sfuggono accenni di metamorfosi, la rotondità piú pronunciata dei suoi piccoli muscoli, il collo ingrossato.

– Ehi, Pro... – ci saluta con un misto di degnazione e santa pazienza, e la voce impastata di sonno fa vibrare corde piú virili. Il telefono comincia a planare su di lui. Vedo ciò che è coperto e non posso non immaginare ciò che copre. Avrà almeno le mutande? E dovesse in uno slancio di familiarità o distrazione alzarsi dal letto, che farei? Urlare? Chiamare la madre? Chiudere la chiamata? Quando insegni, dovresti sempre avere pronto un piano B. Quando ce l'hai, puntualmente il piano A fila liscio. Infatti Zoran non si alza. Non ci pensa neanche. È chiaro da subito che la lezione ha da farsi cosí. Il sottotraccia dei nostri videoincontri è «Altrimenti niente». E devo pure considerarlo un atto di responsabilità da parte sua, un grande passo avanti nel suo percorso di maturazione, visto che preme da ogni parte la voce che quest'anno c'è il sei politico, neanche se crepi ti bocciano quest'anno, ed è quello che sta succedendo in tante scuole dove la dispersione è alle stelle e il lockdown è sceso come un'amnistia a garantire la promozione plenaria. E invece Zoran ci accorda il suo tempo e la sua pazienza.

– Coraggio, raccontaci la storia di Ciàula e la luna, – lo invito, e lui biascicando comincia, interrotto da qualche sbadiglio, mentre io bado che non scopra per sbaglio troppi centimetri. E ci starebbe, considerato che né lui né i suoi compagni hanno mai avuto freni inibitori particolarmente robusti.

Durante i nostri pomeriggi di tempo prolungato, subito dopo il pranzo, era un classico, un appuntamento fisso, da preoccuparsi se non avveniva: ora Teo, Zoran o Emanuele, ora qualcun altro si avvicinava a me e mi comunicava di avere un'impellenza. Qualcuno addirittura, dubitando della mia perspicacia: – Devo fare la... – sussurrava, e proseguiva col solo movimento delle labbra. Di norma la comunicazione continuava con la richiesta di essere assistito da un compagno, il cui compito era montare di guardia durante l'operazione. Permesso prontamente accordato, e a riprova della veridicità dell'istanza, tempo dieci minuti l'inequivocabile puzzo, materialmente percettibile come un'onda di vapore acqueo, valicava la porta del bagno, dell'antibagno, invadeva il corridoio, allagava l'aula. Ma sí, almeno non avevano mentito per scorrazzare scuola scuola!

Il piú sfortunato era il compagno prescelto come accompagnatore, che doveva mettere in conto un buon quarto d'ora di noiosa permanenza dietro la porta e l'onere di correre dal bidello a chiedere una seconda razione di carta. Mi stupí sempre con quale condiscendenza ciascuno, anche sbuffando, rispondeva all'appello, considerato che in classe dopo pranzo si svolgeva un tempo ricreativo: spazio per le chiacchiere, gli scherzi, i giochi di figurine. Quando i due rientravano dalla missione, già io stavo richiamando tutti ai loro posti. Eppure a nessuno è mai mancato un compagno di deiezioni, che sembrerà poco, ma chi di mestiere avvista caravelle in oceani tempestosi sa che per quel poco passa un raggio di fiducia, se non di velleità.

Il ricordo del dopo pranzo in 3H mi ricaccia, tipo madeleine, nel vortice delle memorie olfattive di quando andavamo a scuola (tempo improvvisamente cosí lontano nel tempo...) L'olfatto, a scuola, è forse il senso piú stimolato: come alunni, il nostro piú antico ricordo è sempre un odore, non è cosí? Quello del panierino, della gomma per cancellare, quell'altro corale dei libri premuti nello zaino, o ancora della merenda schiacciata in fondo, rimasta a impregnare di sé ogni fibra come un Arbre magique delle cartelle. Anche i compagni erano efficacissimi emanatori. Io ricordo con una intensità a dir poco tangibile l'alito della mia compagna di banco della prima media, a inizio di giornata. Lo Verso si chiamava, ricordo, io che i nomi non li ricordo mai. Sapevo che veniva da lontano, da un altro quartiere. Immaginavo la sua levataccia, la paura del ritardo, la corsa, la rinuncia alla colazione, nervi e stomaco vuoto. A questo doveva aggiungersi lo spavento dell'interrogazione, la cattiva coscienza di essere impreparata, e in effetti si guardava intorno impaurita. Intercettavo il suo fiato e sentimenti contrastanti mi agitavano: avrei voluto qualcuno piú brillante accanto, piú divertente, ma non riuscivo a sottrarmi all'onere di sopportarla il piú civilmente possibile. E poi ormai era un appuntamento fisso: ci sedevamo e io cominciavo ad aspettare che arrivasse il fiotto del suo alito a raccontarmi tutto di lei. Era sí il momento piú sgradevole, ma anche quello piú intimo della nostra convivenza, e dato che nessuno avrebbe potuto avvertirlo come potevo io, era diventato il nostro vile, inconfessabile segreto. Fummo compagne per pochi mesi. Lo Verso, dopo aver collezionato pessimi voti, si trasferí in un'altra scuola. Non fu un sollievo, come avevo immaginato.

Da insegnante, gli odori li avverti dal podio, come un direttore d'orchestra, e cosí ti giungono sovrapposti, mescolati, in lotta fra loro. In 3H, soprattutto all'ora dei pasti, il perenne odore di cancelleria contrastava col pomodoro bruciacchiato delle pizzette, l'olio fritto colante dalle arancine, il fiato sgasato delle bibite frizzanti o il vento di una scorreggia anonima. Smettevo di mangiare, all'inizio, correvo ad aprire la finestra. Poi ci ho fatto l'abitudine. Quel coro di odori è diventato una casa, una casa un po' zozza, un po' sciatta, dove non di rado la salsa gocciolava sulla copertina o l'aranciata per terra, dove libri e calzoni fritti, quaderni e marshmallow smarrivano la loro identità in un melting pot caotico e inestricabile, ma era la nostra, riconoscibile a occhi chiusi. Non che le altre aule profumassero, ma il tanfo della nostra ci era familiare, e con la porta si apriva come un abbraccio a chi tornava, da una lunga assenza come dal gabinetto.

Ora non sento piú gli odori di Zoran e degli altri. Adesso l'intimità non è spontaneamente generata dalla convivenza; è rubata, voyeuristica da parte di chi guarda, maliziosamente concessa da chi è guardato: ruoli che coesistono e s'invertono in ogni momento fra i due utenti di una videochiamata. E sebbene qualcuno arriccerà il naso osservando che anche la scuola a distanza deve pretendere decoro e compostezza, Zoran che da sotto le coperte si adatta a raccontarmi con gli occhi incollati e la voce roca la storia di Ciàula, Zoran che accende la mia telecamera sul suo privato nell'anno giubilare delle promozioni, mi autorizza a considerarla una conquista. Ma lo sappiamo entrambi dove ha radici questo inatteso senso di responsabilità.

Quella volta della scala antincendio, in cui mi aveva investito del potere di dargli il docente di sostegno, non si poteva tornare in classe con quelle parole sul cuore. In corridoio, gli avevo indicato la stanza del responsabile di plesso. Zoran, che aveva subito preso posto dietro la scrivania, mi aveva guardata tutto il tempo come fossi io la convocata. I ruoli e i rapporti di forza apparivano cosí comicamente invertiti, ma la valenza del nostro scambio non ne fu diminuita. Parlai a lungo. Non aveva bisogno del sostegno, poteva farcela benissimo da solo: ormai conosceva le sue difficoltà, ma sapeva di non avere molto tempo davanti, disperderlo in azioni di disturbo nei confronti dei compagni non gli avrebbe portato nulla di buono, sarebbe uscito dalla scuola di lí a un anno e il meglio che gli poteva accadere era fare la riffa per i vicoli del quartiere. Non so perché mi venne in mente proprio la riffa, forse perché in tanti si arrangiano cosí, ma quell'immagine dovette colpirlo nel vivo. Mi interruppe: aveva assunto un'espressione grave, una ruga gli aveva solcato la fronte infantile. Gli occhi si fissarono su un punto alle mie spalle come volesse mettere a fuoco la sua sorte, e con un gesto deciso mi tese il braccio e la mano:

– Va bene, prof. Io mi impegno da questo momento a imparare, a non disturbare compagni, perché voglio futuro, per mio futuro lo faccio.

Non aveva mai parlato in modo cosí fluido e meditato, e quel gesto solenne, che lí per lí mi era sembrato uno scherzo, era grave di una consapevolezza nuova e dolente. Tardai, per la sorpresa, a rispondere. Mi affrettai a tendergli il mio braccio e presi la sua mano piccola e già lavorata. Avvertii quella poltiglia di sudore e polvere che spesso ricopre i palmi degli alunni. La strinsi, la mano e la sua poltiglia. E me ne sentii, dalla mia postazione indebitamente subalterna, onorata.

Nel corso dei mesi non mancarono poi i dispetti e le monellerie, ma neanche lo sforzo di provarci un po' ogni giorno, cominciando dalle filastrocche mentre i compagni leggevano Leopardi.

– Impari fino a qua e poi vai in bagno.

– Fino qua.

– No, qua ho detto.

Ma il colpo di genio, o piuttosto l'extrema ratio, fu fargli imparare a memoria i calciatori della Nazionale croata, unico e solo motivo di amor patrio per lui dopo la gloriosa finale ai Mondiali del 2018 contro la Francia. Gli avevo stampato l'intera formazione con tanto di facce e maglie associate ai dati da memorizzare. La consegna era ricordarli in ordine di ruolo tutti e trentatre, titolari e riserve, nome, data di nascita e squadra di appartenenza.

– Ivo... Grbić... 1996... Atlético Madrid... – scandiva allora lui a colpi di voce come non fossero numeri e nomi, ma suoni soffiati, note di sax. – Lovre... Kalinić... '90... Aston Villa...

– Vai! Dominik...

– Livaković… ’95… Dinamo Zagabria…
– Simon… Sl… Sl… – e lo guardavo con intenzione.
– Sluga ’93 Luton Town!
– Bravo! Finiti i portieri, vai con la difesa! Borna…
– Borna Barišić… ’92 Rangers FC… Doma… Domagoj Bradarić… Lille… LOSC Lille ’99! – e cosí via, finché non finiva disteso sul piano del banco, tesissimo, le mani sui lati come alle maniglie di un deltaplano in picchiata, la faccia a me, ma non me: gli occhi sgranati, vedeva la radura della sua memoria dove per la prima volta suoni chiamavano suoni, ricordi altri ricordi.
– Bruno…
– Bruno Petković… Dinamo Zagabria… ’94!
– Mislav… O… Or… – suggerivo, come per non farmi sentire dall’altra me stessa che doveva giudicarlo. E intanto allargavo le braccia e brancolavo come un grosso quadrupede poco avvezzo alla posizione eretta.
– Oršić! – esclamava lui sull’orlo dell’esultanza, perché finalmente vedeva il traguardo. Ed esitava: un fallo, adesso, lo precipiterebbe. Ma io non permetterò mai che Zoran precipiti. L’ho spinto tante volte giú dalla corda, in questi anni, ma c’era sempre la mia rete sotto.
– Ante… – e mimavo il gesto di assaporare un dolce al cucchiaio.
– Budimir! Ante Budimir Osasuna ’91! – e aspettava il mio assenso.
– Bravo!
Ed eccolo decollare, il suo piccolo deltaplano:
– Andrej-Kramarić-Hoffenheim-’91-allenatore-Zlatko-Dalić-’66! Ce l’ho fatta? Ce l’ho fatta?
– Ce l’hai fatta!
Era il goal della finale, per me e per lui. Altro che Mondiali del 2018! Ma non ci siamo abbracciati come i vincitori al fischio della fine. Piuttosto: – Vado in bagno con Teotista, – mi aveva comunicato lui, pronto a riscuotere, e se ne andava con l’amico a festeggiare. Io non ero nella

lista degli invitati. Ma non è per andare alle feste che faccio questo mestiere.

Cosí, oggi che Zoran mi parla di Ciàula da sotto le coltri non mi indispongo, non gli intimo di sedersi composto, ma sto ad ascoltarlo, lo guido quando si perde, lo incoraggio quando si stanca, abbasso lo sguardo se per sbaglio si scopre e subito torno a puntarlo perché ho solo questa webcam e i miei occhi, adesso, per non mollarlo, per non farlo mollare.

Capitolo settimo
Messaggistica

Il tempo scuola, in Dad, non è solo mattutino. Le videolezioni si trascinano dietro uno sciame di messaggi lungo un giorno. Avevamo già un «gruppo», come si dice, ma prima della Dad era difficile che qualcuno osasse scrivermi in privato. Adesso è la norma: mea culpa. Mandatemi i compiti, mandatemi i riassunti, le risposte alle domande, ripeto nei messaggi, pur di farli continuare a scrivere «a distanza»: e loro giú foto di quaderni che devo zoomare per decifrare, giú testi composti direttamente al telefono e spesso alterati dal correttore automatico.

«Pro» è sempre il primo messaggio. Passano alcuni secondi.

«Pro», ripete l'Emanuele o la Barbara di turno, esattamente come un richiamo, un «c'è nessuno in casa?»

«Pro pro, – insiste poco dopo Aurora o Mattia. – Prooooo». Come in classe, ognuno levando la mano, ripetendo il richiamo, ignorando quello degli altri. Gli altri, in questi casi, non esistono, o sono un odioso intralcio alla propria fame di attenzione.

«Pro».

«Prooooo», ribadiscono Giada, Sara o Teo, a intervalli di uno due secondi, confidando che lo squillo della ripetuta notifica finisca per snervarmi. Quando getto l'occhio sul cellulare, trovo sei messaggi tutti da una persona, otto, cinque, sette dalle altre, ed è come se sentissi le loro voci affollarsi in uno di quei cori sgangherati di quando si fa qualcosa che li scalda e vogliono tutti un po' di ascolto.

«Ciao. Dimmi», rispondo cauta, essenziale.

«Pro fammi sapere se va bene perché quando lei ha lasciato questo compito io non c'ero ma penso che va bene», leggo. Oppure: «Io non so come fare l'ultimo esercizio, nella videolezione l'avevo fatto io ma quando te lo spiegavo lo capivo, ora che lo scrivo non lo so». Seguono i compiti fotografati o trascritti. Interminabili strisce di messaggi si srotolano sullo schermo. Stringo gli occhi, scivolo gli occhiali in punta al naso, li tolgo proprio e avvicino lo schermo alla faccia, ma in questo caso devo chiudere un occhio e leggere solo con l'altro. La nausea mi rimescola mentre cerco di tenere il conto degli errori di ortografia, come facevo in classe, per lasciarli trovare a loro. Tre... cinque... otto... È dura, mi pulsano le tempie, gli occhi mi lacrimano, ma voglio farlo per tutti quelli che potrebbero osare il liceo e questi mesi pirata gli hanno rapinato le aspettative. C'erano quasi, dopo tre anni: se non a scrivere subito corretto, a riconoscerli dopo, gli errori. E adesso stop agli allenamenti, e gli atleti ingrassano davanti alla tivú.

Ce l'ho soprattutto con Emanuele. Lo tartasso. Mi manda i suoi lavori, li leggo e: «Bravo. Mancano però molti accenti e non ci sono i segni d'interpunzione. E poi... sei sicuro che i cani abbagliano?»

Emanuele risponde subito: «Pro ho sbaiato volevo dire abbaiano».

«Abbaiano, sí, – replico io. – Esattamente come sbaiato...»

«Sbagliato, ok», ammette lui.

«Trovali tutti, h e accenti».

«Tutti», chiede lui, sostituendo il punto interrogativo con una faccina sgomenta.

«Perché, se no ti stanchi?»

Il lavoro rivisto mi arriva a tarda sera.

«Ok. Adesso nel primo testo c'è un solo errore, – rispondo. – Al posto di "nella casa" metti "in casa"; in "si litigavano" togli "si"; dopo "disse" metti due punti e trattino. Tu trova l'errore che io continuo».

«Pro, questo lo riletto cento volte e o trovato questi», borbotta lui.

«L'HO riletto, – ribatto io, – e HO trovato».

«Coraggio, è un esercizio molto importante in vista dell'anno prossimo».

«Ok pro ora sono un pò stanco e meglio che vado».

Resisto venti secondi: «"Po'" si scrive con l'apostrofo».

«"È meglio", con l'accento, – sorda all'invito a tagliare corto. – E "che vada", congiuntivo», infierisco.

«È che ora non mi và piú tanto».

«Va NON ha accento».

«Ok pro».

Cosí mi viene il sospetto di avere esagerato e corro ai ripari: «Però "è" e "piú" erano giusti. Bravo!»

«Grazie pro».

Ma non vorrei si cullasse sugli allori, per cui: «Nel secondo testo devi trovare 4 errori e mettere qualche virgola».

«Ok», mi sembra quasi di sentirlo: un fil di voce.

«Per poi ricopiare tutto».

«Ok grazie pro buonanotte». Che mi stia liquidando?

Ma un'ora dopo, a notte fonda: «ha» mi arriva.

Sveglia di soprassalto, ho bisogno di qualche secondo per raccapezzarmi. «Dove?» chiedo.

«Nel primo brano terzo rigo e nel secondo quinto e sesto».

«Ok, procedi».

«Ok».

«Pro però posso fare il secondo ora e domani gli altri», e aggiunge una faccina con la goccia in fronte.

«Domani tutto, vai a letto», faccio io, recuperando il senso della misura.

«A letto. O hai capito Netflix?»

«Comunque ho trovato "e venuto"».

«E anche “anno visto”».

«Non c’è lo Netflix».

«Non CE L’HO!» e mi va il dito all’emoticon inondata di lacrime.

«Hahahahhah», replica lui.

Non ho cuore di correggergli anche le risate.

«Magari la impari meglio in chat l’ortografia! – dico per chiudere con una battuta, e il sospetto mi viene davvero. – Buonanotte».

«Notte pro», conclude Manu. Chissà.

E poi c’è chi non si fa pregare per tenere vivo il contatto. Aurora, per esempio. È stata lei, subito dopo la rappresentante dei genitori, a farmi intendere che «devo capire», cioè accettare, aprire porte, allargare maglie, calare brache, e cosí via. In Dad è stata lei la prima a varcare la soglia della chat privata col suo piedino leggiadro, col suo garbo inattaccabile: «Pro scusi l’ora volevo dirle che non sono potuta entrare a lezione perché ieri c’era un po’ di confusione a casa».

«Comunque volevo dirle che ho fatto solo il primo esercizio perché io e i miei fratelli abbiamo dormito dalla zia e ho dimenticato il libro a casa posso portarli lunedí».

«Pro se non capisce qualcosa me lo dice», soggiunge, sempre cosí preoccupata di cogliere negli altri le sue stesse insicurezze. Come quando in classe mi chiedeva: «Pro ma il testo lo sottolineo a penna rossa o a penna blu» oppure: «Pro ma il titolo lo dobbiamo scrivere maiuscolo o corsivo». Abituata alla sua acribia, alla sua fame di certezze, sulle prime non avverto tra le righe la corrente che ora percorre i suoi messaggi come un filo spinato.

«Pro volevo dirle che io stasera dormo dalla zia e ho dimenticato il quaderno domani glieli mando i compiti».

«Pro scusi il disturbo volevo dirle se potevo studiare Sciascia su internet perché non trovo il libro grazie».

Aurora che dimentica i quaderni, che perde il libro. Aurora che dorme sempre piú spesso dalla zia. Aurora che si abbevera di ordine, di distinguo, di «ogni cosa al suo posto», sembra inesorabilmente precipitare nel caos.

«Pro scusi il disturbo volevo dirle che il compito che ha lasciato lo manderò entro stasera perché sono stata molto male».

«Che hai avuto?» chiedo quella volta.

«Molta allergia», risponde dopo un'esitazione, e lo manda.

«Però lo devo copiare in bella».

«Hai fatto un ottimo lavoro!»

«Grazie Pro». E per quella sera le sue faccine serene mi rassicurano. Ma nei giorni successivi tornano le nubi, e strane premonizioni.

«Pro scusi il disturbo volevo dirle che domani starò male e non potrò collegarmi quindi non sarò presente».

«Pro io domani non potrò vederli i messaggi dei compiti perché avrò il telefono spento».

«Pro io domani non potrò leggerlo il libro. Lo leggo sabato e domenica».

«Spero di finirlo».

«Ma non sono sicura».

«Se non ce la faccio va bene se arrivo dove arrivo».

Aurora che si assenta, che spegne il telefono, che non fa i compiti in tempo. Aurora che si sta sbriciolando: il suo ordine, la sua memoria. Anche i suoi nervi.

«Pro scusi il disturbo stavo facendo il compito su WeSchool ma dice che il tempo a disposizione è scaduto».

«Ero arrivata all'esercizio 4 e lui dice che ho preso 4 ma non è cosí».

«Ma perché mi dice 4 Pro».

«Perché dovevo finirlo e per sbaglio ho chiuso e si è confermato da solo».

«Sono scema ho chiuso per sbaglio».

«Non sei scema, sei stanca. Che succede, Aurora?»

«Allora il compito non lo devo rifare».

«Giusto».

Aurora lascia cadere nel vuoto la mia domanda. È cosí facile farlo per messaggio, domande cadute nella galassia delle risposte nascoste, fuggite, perdute per sempre.

«Salve Pro scusi il disturbo prima cosa volevo augurarle buon 25 aprile e se per favore mi potrebbe dire i compiti perché non li ho scritti a lezione».

«E quando devo mandarli se non mi sbaglio per mercoledí».

«O mi sbaglio».

«Quello per martedí lo mando adesso».

«Anzi dopo cena perché ora c'è confusione».

«Quando vado dalla zia».

«Perché non so tanto bene come farlo e ci penso quando c'è silenzio».

«Poi mi può dire se va bene».

«Se ci sono errori».

È la solita metodica insistenza, resa snervante da un'inquietudine fremente, da un tormento represso. Oppure un messaggio in codice, una richiesta di aiuto da decrittare. L'assenza, la zia, la confusione… Ma come ho potuto dimenticare? Quante coppie fragili, quante storie cave avrà schiacciato come noci la pressa del lockdown?

«Aurora, i tuoi compiti vanno benissimo. Tu come stai?»

Silenzio, un silenzio lungo come si tiene un respiro, perché Aurora è ancora online. Poi inizia a scrivere. Si ferma. Riprende un attimo e si ferma ancora. Forse cancella e riscrive. Forse ci ripensa.

«Pro mi scusi volevo dirle se domani posso parlare con lei in privato», mi arriva infine.

«E scusi il disturbo».

Capitolo ottavo

Zitta devo stare

– Pro.

Aprile, ultimi giorni. A lezione Marzia, dietro il tondino che la rappresenta, prende la parola.

– La 3G ha tutto pronto.

È come se la vedessi: la chioma furente, lo sguardo d'acciaio, la mascella contratta di chi a stento si tiene dal rispettare chi ha davanti. Marzia si riferisce agli esami, perché è ormai chiaro, anche se non ancora ufficiale, che si faranno online e che andrà preparato un percorso interdisciplinare da inviare per mail. – Applausi alla 3G, – rispondo, sapendo di risvegliare l'attività vulcanica in lei.

– E noi?

– C'è tempo per gli esami –. E poi la smetto di farle dispetti, perché non devo dimenticare che sono io l'adulta. – State tranquilli, ci arriveremo. Non è necessario dedicare due mesi agli esami, lo so che vi fanno paura, ma il traguardo arriva da sé quando finisce la strada. E noi dobbiamo fare ancora un po' di strada.

– Ma ormai, Pro…

– Ormai stiamo per lasciarci, e prima voglio parlare con voi di alcune cose.

– Pro…

È Sara questa, riconosco il cerchio pulsante del vecchietto cinese.

– Le prove Invalsi?

– Annullate.

Peccato, giusto le prove Invalsi che l'avevano svegliata

tipo bacio del principe. Dagli altri mi aspettavo un coro di sollievo, mentre scende un silenzio cosí compatto che temo l'ennesimo buco nella rete. Invece sono tutti là.

– Pro, ma non ci torniamo piú a scuola? – dice Aurora alla maniera sua, restando in apnea.

– No, ragazzi.

– Allora non ci vediamo piú?

Non ha ancora preso fiato.

Non rispondo. Guardo dritto in camera e vedo solo Giada, che si fa portavoce, no, portafaccia di tutti gli altri, e non ride stavolta, perplessa tra l'indifferenza e la disperazione. Ma i ragazzi non sono sempre cosí, quando si affacciano alla vita, anche da uno schermo? Perplessi tra indifferenza e disperazione. Ignorano terze vie. Tutta la fatica sta nello scavarle con loro: il doppio della fatica, quando i genitori non hanno aperto il cantiere.

Stavolta però sono anch'io in precario equilibrio. Non ci vedremo piú non lo dico, ma guardo in camera e vedo le cose che avrei voluto ancora fare: erano tutte in fila, nella mia agenda. La visita alla sede di Addiopizzo, il tour dei negozi equosolidali, la manifestazione del 23 maggio. E i libri, i film: *Se questo è un uomo*, *Il piú bello dei mari*, *La fattoria degli animali*, *The Truman Show*... e il mar fu sovra noi richiuso!

E invece no, non me lo posso permettere. Devo pensare a quel che ho già fatto e a quel che posso ancora fare, devo iniziare a scavare io per prima, loro mi seguiranno. E mi raddrizzo davanti allo schermo e sorrido.

Ma un ricordo mi trafigge. In prima media avevo iniziato a lavorare sulla drammatizzazione: avevano mostrato tutti un talento notevole, ma quando si trattò di preparare una piccola esibizione per un evento scolastico, chi fuggiva di qua e chi di là, le loro voci si spegnevano davanti al pubblico, e alla fine per bocca di Barbara il gruppo mi aveva esternato chiaro e tondo la volontà di non ripetere piú una simile esperienza. Cosí negli anni successivi avevo deciso di lasciarli in pace, un po' per rispetto, un po' per stanchezza.

Ed è qui che un insegnante commette l'errore irreparabile: stancarsi. Passi arrabbiarsi, passi esagerare, passi anche urlare: all'insegnante stancarsi non è dato. È inumano, lo so, ma nel momento in cui ti stanchi tutto è perduto. Come reggessi tu il mondo loro, tipo Atlante che si solleva un attimo per prendere un caffè.

Quest'anno, Barbara in testa, avevano protestato: – Perché noi non recitiamo mai? Perché non balliamo? Perché non facciamo scenette? – Avrei dovuto recriminare? Ho preferito pensare che fosse un buon segno. – Vi prometto che per fine anno metteremo in scena uno spettacolo, – e avevo cominciato a fantasticare. Poi lo tsunami mi aveva spazzato via anche la fantasia, e ora ascolto il mio e il loro silenzio e guardo quei germogli timidi, mai sbocciati.

– Le piante, Pro!

Sussulto. È di nuovo Sara, che non entra quasi mai e oggi c'è e sembra posseduta dalla nostalgia.

– Piante? Che piante? – e arrossisco, neanche mi avesse letto nel pensicro.

– Le nostre, nel giardino...

– Vero!...

– Chissà che fine hanno fatto!

– MORTE. MOLTO MORTE. MORTISSIME.

– Niè, s'asciucaru tutte cose, Pro!

– Povere piantine...

Piantala anche tu, di quello parlano, un'iniziativa didattica autunnale dell'ACSI. E dire che non credevo li avesse appassionati. Per quanto li spronassi, solo Zoran e Manfredi si erano prestati volentieri a interrare le talee assegnate alla 3H nel giardino della scuola. Ma era già qualcosa: in prima media le avevano calpestate. Adesso non solo le ricordavano, le rimpiangevano. Guardo Giada per tutti e le sorrido. Forse, anche con poca acqua, i germogli hanno attecchito.

– È piovuto tanto, ragazzi. Tranquilli. Ce la faranno. Vedrete che l'anno prossimo...

– Non ci saremo, Pro.

Deglutisco, prima di correggermi: – L'anno prossimo vi faccio una foto e ve la mando.

– Pro.

– Pro...

– Sí?

– Era bello andare a scuola, Pro.

Devo aggrapparmici, alle cose fatte. Un po' come alla fine dei tuoi giorni, che basterebbe lasciar montare la marea dei rimpianti per accelerare i tempi. Se invece hai ancora un barlume di attaccamento alla vita, ti volti indietro e quel poco che hai realizzato splende di una luce mai vista, e pesa a peso d'oro. Quel poco che sono riuscita a fare con la 3H, adesso che non abbiamo piú un futuro da riempire, acquista in retrospettiva una valenza a dir poco epica.

L'autocorrezione, per esempio. – Caccia all'errore! – esclamavo consegnando le verifiche. Si sollevava un coro di improperi, e un botto mozzafiato, una specie di deflagrazione. Era il colpo di tacco che Zoran, Manfredi o Teotista assestavano, con una tecnica per iniziati, a un mini tetrapak vuotato del succo e gonfiato d'aria attraverso la cannuccia. Le prime volte ho rischiato l'infarto; anche le successive, per la verità. Lo spettacolo del mio spavento doveva essere irresistibile, per cui chiedere o imporre di non farlo sarebbe stato un ulteriore motivo di incoraggiamento. Cosí stabilimmo un accordo: dovevano darmi un preavviso, e io avrei fatto in tempo a turarmi le orecchie. Fu allora che su Sara si levò il sipario: senza scollarsi dalla sua amata sedia emise non so come un fischio potente quanto un grido, quelli dei bagnini o degli arbitri quando stai sbagliando. E in effetti, piú ancora che sorprendermi, mi sentii ammonita. Cosí divenne convenzionale. Io annunciavo le verifiche, uno dei ragazzi scambiava con la compagna uno sguardo complice e Sara fischiava con tutta l'insospettabile potenza dei suoi polmoni, felice. Seguivano otturazione di orecchie e detonazione del tetrapak: la caccia all'errore poteva incominciare! Dovevano trovarli tutti, da soli o aiutandosi l'un l'altro. E mentre ridendo, questionando e imprecando lavoravano, io mi chiedevo se inconsciamente non mi ammonisse, Sara, per tutte le volte che mi ero dimenticata di lei, cacciando chissà come quel fischio. Devo chiederle di insegnarmi, mi ripetevo.

Per alcuni la caccia all'errore era un gioco, per altri una gara, per altri ancora una rottura. Per Marzia era la roulette russa. Doveva beccarli al primo sguardo, i suoi, altrimenti: – Non ci sono! – si ostinava: all'idea che non fosse perfetta la sua performance, non dieci il suo voto, preferiva mettere in discussione il mio lavoro. Altro che gigante rossa! pensavo fra me, deve capire una buona volta dove sorge il sole, questa qui. L'aveva, volente o nolente, capito a casa: l'arrivo del fratellino le aveva sbalestrato il baricentro. Doveva accettarlo anche fra noi, di essere detronizzata. Cosí la lasciavo perdere, mi preoccupavo di chi aveva veramente bisogno. Poco prima della campana, passavo a ritirare il suo foglio intonso.

E poi c'era il mare. Si andava al mare tutte le volte che c'era troppo caldo al pomeriggio, letterale o metaforico. – Com'è andata oggi? – chiedevo prendendo posto a pranzo. – Meglio che andiamo a mare, prof! – rispondeva qualcuno alzando il muso dalla vaschetta di stagnola, lasciando intendere giochi di fuoco antimeridiani fra alunni, genitori e prof. Era cominciata in prima, un pomeriggio che facevano i pazzi e non so da dove mi uscí: – Usciamo!

– Fuori-fuori? – si udí, per voce sola. Tutti gli altri erano ammutoliti.

– Fuori si esce. Mica dentro.

Non è corretto dire che li portai: mi spinsero oltre il cancello a mezzo fra l'eroe in trionfo e il trofeo di guerra, e quanto piú veloci procedevano per strade che erano casa loro, tanto piú a me saliva la febbre dell'ansia. Quanto piú avanzavamo, tanto piú recuperavano lo smalto dell'animale che esce dalla cattività e rammenta di avere zampe e ali. Una volta fuori dai vicoli, in faccia al mare aperto, chi li terrà piú? pensavo. E invece dopo un paio di corse sfrenate e battaglie di sabbia, si ricordarono che c'ero.

Teo si scavava una buca e faceva canestro con i sassi, ma Teo faceva canestro sempre, con la carta della merenda nel cestino e coi gessetti nel cappello di Sara retto da Zoran mentre Sara fischiava di rabbia. Zoran, col dito nella battigia, trovava la calma per disegnare, e Marzia fissava il sole in una muta sfida a chi brucia di piú. Mattia c'era sempre qualcuno disposto a spingerlo: primo fra tutti Manfredi. Non me ne intendo, ma la sua sedia doveva essere un fuoristrada della categoria, perché non ha mai risentito di quelle sortite, e non ne risentiva lui, come avevo temuto all'inizio, a vedere i compagni prillare come bollicine, anzi partecipava gridando risate e insulti a pieni polmoni.

Infine si radunavano intorno a me, chi accanto, chi piú distante. Mi portavo dietro «il libro», cosí ci mettevamo io a leggere e loro ad ascoltare. Ma abbiamo fatto lezioni di ogni disciplina in quella spiaggia. Una volta ho portato la bussola e abbiamo imparato come funziona (io con loro, perché chi la usa piú?), ma Zoran e Mattia conoscevano meglio di me i venti di tutta la rosa. Un'altra volta abbiamo rintracciato il calco di conchiglie fossili sul dorso degli scogli, e un'altra ancora abbiamo raccolto i cocci di mattonelle liberty abbandonate quando la spiaggia non c'era e a interrare la costa furono i detriti del Sacco di Palermo.

Manfredi, infagottato nella sua sciarpa, guardava niente e non fiatava, ma non fuggiva, era ipotizzabile che ascoltasse, e già questo era un bingo.

Quante fughe, Manfredi. Quella volta del telefonino era proprio sparito, avevo lasciato la classe a una collega per cercarlo. Primo piano, piano terra, bagni, sottoscala con il cuore in gola, perché da un buco nero come Manfredi non sai cosa aspettarti. L'avevo trovato nel vano del quadro elettrico.

– Dài, vieni in classe. Non puoi stare qui.

Un muro avrebbe fatto piú chiasso, ma avevo messo in conto un barrito.

– Ok, allora resto con te. Da solo non ti posso lasciare –. Avevamo finito l'ora cosí, io appoggiata di spalle, sentinella del quadro elettrico e del suo silenzio.

Ma un pomeriggio mi chiamò sua madre: la voce rotta, mi chiedeva se fosse a scuola. Gelai: quel giorno Manfredi non era entrato.

– Chiamo la polizia, – mi disse piangendo.

– Mi dia mezz'ora, – le risposi, in preda a quel delirio di onnipotenza che coglie a volte gli insegnanti.

Cosí lo dissi ai ragazzi, chiesi loro dettagli, indizi. Ma Manfredi non dà confidenza, di lui non sapevano nulla.

– Lo andiamo a cercare, prof?

– Non possiamo, ragazzi.

– Allora andiamo a mare.

E chi ce l'avrebbe fatta quel pomeriggio a studiare? Uscimmo. La percezione del vuoto e del pericolo cresceva su di noi a ogni passo. Cosí, quasi a proteggersene, Mattia si tirò su la sciarpa. Cosí fece Zoran e cosí Emanuele, uno dopo l'altro, chi un cappuccio, chi uno scaldacollo, persino le ragazze, che tengono cosí tanto alle loro pettinature. Anch'io sollevai sulla testa il mio foulard. Chini, in processione muta fino al mare, avvertivamo per la prima volta la mancanza del gigante muto, di Caino infagottato, e la rappresentavamo cosí, con quella solidarietà simbolica, fatta di berretti. In spiaggia, buttati chi qua chi là, li fotografai col telefono. Il telefono! Manfredi non se ne separava mai, ma alla madre non aveva risposto. Lo chiamo, mi dissi, sempre in preda al mio delirio. Anzi no. Gli mandai le foto.

Era quasi ora di andare quando in fondo alla spiaggia vedemmo avanzare la sagoma, enorme già a distanza, di Manfredi.

– È lui, prof!

– È tornato!

– Zitti, zitti! – perché ormai lo sapevano che le parole avevano il potere di dileguarlo. Gesti, sguardi, mute attenzioni: era questo il suo alfabeto.

In seconda avevamo aderito al progetto *Sartoria sociale* della cooperativa Al Revés, che impegna persone in difficoltà in lavori di riciclo tessile. L'obiettivo era realizzare un planisfero di stoffa. L'attività poco a poco prese tutti: Aurora e Giada, in particolare, si dedicarono con cura alla loro parte, ma fu Manfredi ad assumere la direzione dei lavori, e cacciava il suo MMMMMHHHHH se qualcuno si azzardava a incollare un po' storto.

Il planisfero fu completato a scuola, i continenti ritagliati sul cartamodello e applicati con la colla a caldo sopra il lenzuolo celeste dell'oceano. – E qui niente? – obiettò Mattia. Aveva torto? Non è forse anche l'oceano un continente? E giú lui e gli altri a disegnare, ritagliare e incollare pesci di tutte le specie, sirene incluse. Fu un grande momento quando io e Zoran, in cima a un banco, issammo il pannello e fissammo il nostro capolavoro a suon di martellate.

Zoran, in barba alla sua memoria, ha un senso pratico grande quanto una casa. Se non ho puntine per attaccare un cartellone o non riesco a cavare un chiodo dalla stecca, se devo appendere un drappo da un albero all'altro, mi basta la parola: – Zoran! – e aggiungo: – Che possiamo fare? – Lui getta un'occhiata globale e mi dà la misura di spago che serve, scappa dal bidello e torna con l'attrezzo giusto, o volto la testa e s'è già arrampicato a fare un cappio attorno al ramo piú alto. Di' «Zoran», e il problema è già mezzo risolto. E se non sei d'accordo sappi che ti sbagli, quante volte mi sono dovuta ricredere: era quella sua la strada giusta.

Cosí quel pomeriggio il nostro planisfero faceva davvero un figurone. – È piú bello di quello della 2G, – ripetevano a piú voci. Ma era a me che, senza punto interrogativo, lo stavano chiedendo.

– È vero, è piú bello, – confermai, mentre Manu e Teo armeggiavano con scopa e paletta per togliere di mezzo gli scarti. Avevano troppo bisogno di una flebo di autostima, e poi era proprio vero. Spesso è dai soggetti come dai gruppi piú scombinati, piú insofferenti ai canoni, che arrivano le soluzioni inaspettate. Bisogna farci l'occhio a riconoscerle, e la scuola, i prof, io, non lo sappiamo fare.

Quel pomeriggio scattai una foto ricordo. La guardo oggi. Tutti sorridono, Manu e Teo con scopa e paletta. Era aprile della seconda, quasi la fine. Se dovessi ideare un sistema di datazione della storia della mia classe, quella foto immortalerebbe l'anno zero. All'inizio di quest'anno, quando ho dato spazio alle preferenze sui posti a sedere per il mese di novembre («Io con tutti tranne Zoran e Manfredi», avevo ascoltato per due anni di fila, «Io con tutti tranne Zoran, Manfredi e Teotista», «Io con tutti tranne i maschi», «Io con tutti tranne le femmine», «Io con nessuno tranne Aurora» – riuscite a indovinarla questa?), con mia commossa sorpresa: – Per me vanno bene tutti, prof, – Tutti, prof, – Tutti, – mi sono sentita dichiarare, uno dopo l'altro. Arrivati a Marzia avevo incrociato le dita: – Va bene... va bene chiunque, – aveva concluso lei in fretta, quasi le dolesse ammettere che aveva finito per affezionarsi ai compagni; ma si fosse anche solo adattata a sopportarli, era comunque un millimetro, un chilometrico millimetro avanti!

Cosí mi perdo fra le foto. Ci sono quelle scattate in gita l'anno scorso. Quel giorno, finito di stanare e pedinare tutti gli insetti del bosco, Manfredi era sparito per un po' dalla circolazione. Presi a cercarlo con gli occhi, quando me ne resi conto. Dopo un po', mi sorprese alle spalle.

– TIE' PROF.

Guardando in alto a destra, mi tendeva una tazzina di plastica bollente.

– Grazie, chi me lo manda? – risposi, lo sguardo all'angolo ristoro dove c'era un capannello di colleghi.

– NESSUNO PROF IO.

Ci misi un po' a capire. Autismo lieve anche il mio, se il pregiudizio della sua disabilità mi aveva impedito di capire al volo che anche per Manfredi era finito il tempo dell'infanzia, che crescere comporta, rispetto all'adulto e all'altro sesso, distanze nuove e inesplorate vicinanze, e lui aveva avvertito prima degli altri il cambiamento e meglio di loro trovato il modo di rappresentarmelo.

Un altro scatto su cui mi soffermo non ritrae nessuno di loro. È un luogo: l'ex Manifattura Tabacchi, dove ci recammo in visita. Ritrae la sala macchine e la cabina di comando da cui veniva suonata la sirena dei turni. Lí un foglio di carta vergato a pennarello rosso e attaccato con lo scotch recava scritto: OGGI 27 APRILE 2001 ALLE ORE 13.45 FINE PRODUZIONE. La guida ci fece soffermare su quello che era insieme un appunto frettoloso e un documento a futura memoria. Tutti ricordarono quel dettaglio nelle loro relazioni, ma Teo ne fu stregato.

– Vuol dire prof che il 27 aprile alle ore 13.45 hanno suonato la campana e stop, fine, si sono fermati tutti e non hanno lavorato piú?

Confermai, ma lui sembrava faticare a farsene una ragione, o era incanto il suo. L'incanto di quando ci si trova una scheggia del passato conficcata nel fianco dell'oggi, quella che avvertono gli storici, gli archeologi, gli archivisti. E anche Teo. Che lungo la strada del ritorno, lo sguardo rivolto a me ma fisso altrove, alto com'era si inchiodava controcorrente rispetto al flusso dei compagni e ripeteva, con tono ogni volta piú solenne: – Il 27 aprile, alle ore 13.45 hanno spento le macchine e fine, basta, per sempre…

Dovette non dormirci, quella notte. Nei giorni successivi, attirava la mia attenzione nei momenti piú incongrui e: – Guarda, prof! Guarda… – come se mi invitasse a figurarmela con lui, la scena: – Alle 13.45. In punto. Stop. E non hanno lavorato piú –. In un'altra vita, o forse in un'altra città, in un'altra organizzazione scolastica, in un tempo di là da venire, Teo che soffre a stare in classe e detesta i libri diverrebbe uno storico, un archivista. O un archeologo, chissà.

In un'altra foto, anzi una serie, siamo in classe e ci sono anche le mamme, ma non è una recita di fine anno. Avevamo letto *Oh, Boy!* di Marie-Aude Murail. Quando a scuola era arrivato il pacco delle copie le avevo distribuite, ma per un paio di settimane non feci in tempo a iniziare la lettura.

Poi un giorno Aurora mi ha detto che la sua mamma l'aveva letto e le era piaciuto. Anche mia mamma, anche la mia, dissero altri. Venne fuori che molte mamme della classe si erano messe a leggere *Oh, Boy!* e non si trattava certo di lettrici forti. Si trattava di mamme, e quel libro raccontava le avventure di tre bambini che restano orfani.

– La mamma dice è bello, prof, ha voglia di vedere come va a finire.

E in effetti c'era una suspense che l'avida lettura delle mamme mi sciupò, perché quando arrivai anch'io alla fine del libro con la classe, Aurora intervenne: – Io lo so! – e Sara: – Io pure lo so! – e cosí Mattia, Manu, Giada.

– Ehi, io non lo so ancora! – protestai, perché i libri li scelgo a istinto e li leggo sempre insieme agli alunni. Ma stavolta gli alunni mi avevano sorpassato, anzi, le mamme. Avevano finito il libro prima di me e lo avevano raccontato ai loro figli: insomma, era successa una cosa bellissima in case dove di libri entrano solo quelli di scuola. – Allora sapete che c'è? – disse. – Un pomeriggio invitiamo le mamme a scuola e ne parliamo insieme.

Cosí fissai la data e feci gli inviti. Ma il tempo scuola pomeridiano, soprattutto in primavera, sfianca gli alunni, qualcuno si assenta, qualcun altro si fa venire a prendere accusando malesseri immaginari. Quel pomeriggio l'abbiocco generale rischiava di sabotare la mia iniziativa. La rappresentante mi scrisse che molte non potevano. «È un momento importante per tutti noi, vi aspetto», insistei. Dopo pranzo invitai i ragazzi a preparare l'aula. Sbarazzammo il grande tavolo quadrato che formavamo per pranzare. Qualcuno si adoperò per spazzare e vuotare il cestino dei rifiuti, qualcun altro ricopiava alla lavagna le osservazioni che avevamo fatto a fine lettura, e intanto mi chiedevo se la festa non sarebbe rimasta senza invitati. Forse nessuna mamma sarebbe venuta, forse una o due, che sarebbe stato anche peggio. Che avremmo fatto di quei preparativi? E che avrei fatto io con loro? Quando insegni, dovresti sempre avere pronto un piano B. Quando insegni, il piano A ha sempre il cattivo gusto di fallire la rara volta che non l'hai previsto.

Bussarono. – Si può?

Due mamme un po' trepide si affacciarono alla porta. Poco dopo altre due. Altre arrivarono coi figli che non erano venuti a scuola, con quelli che erano usciti prima e rientravano ora a occhi bassi, confusi per l'imbarazzo. Insomma, li avevo precettati. Erano lí per mettere la presenza, per non dispiacermi. Si sedettero i ragazzi coi ragazzi, le mamme vicine fra loro. Le mamme sembravano essere lí per giudicare la performance dei figli, i figli si sentivano sotto due fuochi: le madri e me. Non era questo che volevo. Qualcuno stava cominciando a ripetere la trama del libro, ma non serviva, lo avevamo letto tutti.

– Questo libro ci fa pensare al ruolo dei genitori nella vita di un figlio, – dissi. – Che cos'è per voi un padre? E una madre?

La domanda era per tutti, e verosimilmente avrebbero risposto i grandi, ma Giada fu la piú pronta:

– Il padre è il tronco, la roccia, senza il padre sei finita.

E Zoran incalzò: – Padre ti protegge, fa tutto lui. Senza padre sei solo e hai paura.

– E la madre?

– La madre è la casa...

– Infatti i bambini del libro quando muore la madre non vivono piú a casa loro.

Marzia e Barbara avevano preso la parola spontaneamente come quando eravamo soli in classe. Delle mamme si erano dimenticate.

– Veramente, se posso dire una cosa... – la mamma di Aurora alzò una mano come fanno gli alunni. – Con tutto il rispetto per i padri... siamo noi mamme che facciamo sacrifici. I padri ora ci sono, si mangia, si scherza, poi escono e chi li vede piú!

Il proclama suscitò un coro di assensi fra le donne, ma la madre di Teo dissentí raccontandoci di suo padre, che uomo speciale era, che attenzione aveva avuto per tutti in famiglia. Ci sono padri e padri, concluse, uomini e uomini. Eh no, intervenne la madre di Sara, quelle sono mosche bianche, io mi sono trovata sempre e solo mia madre, nella vita.

Era venuta anche la madre di Barbara. Come sempre velata e vergognosa, fu tuttavia trascinata dalla vivacità della discussione, e un po' guardava la figlia implorando soccorso, un po' si mangiava con gli occhi le parole delle altre, spaventata e insieme rapita dalla loro giuliva protervia.

Ripensando a lei quel pomeriggio, mi torna in mente quando abbiamo ragionato sulla scelta della scuola superiore, a gennaio. Se volesse, Barbara se lo berrebbe un Classico. Ma Barbara non vuole, o almeno non vuole sempre: off e on. Poi avevamo incontrato una docente del Linguistico e ne era stata conquistata. Cosí è deciso, ma il pomeriggio in cui sta per cliccare sul tasto dell'iscrizione online mi chiama, mi passa la madre: – Ma… è… scuola buona? – È la prima volta in tre anni che sento la sua voce, che trema ma si impone stavolta di parlare: vuole quello che voglio io, per Barbara, quello che non ha avuto lei, quello di cui ha imparato a conoscere la mancanza: istruzione, riscatto, rispetto. – È un liceo, signora. Una scuola importante, – la rassicuro. E mi commuovo, subito dopo.

– E il rapporto coi figli? – chiesi quel pomeriggio alle mamme.

– Stanno cambiando…

– Sono per i fatti loro.

– Non sentono!

– Non sentiamo perché voi dite sempre le stesse cose!

– Fai questo, fai quello, non fare questo, non fare quello!

– E ci mancasse! Che ora dobbiamo fare tutto noi…

Tentai qua e là di intervenire, ma mi accorsi che, aperto uno spiraglio, la diga si era spalancata. Da un lato i ragazzi rivendicavano autonomia e fiducia, dall'altro le madri esprimevano ansie e frustrazione. In certi momenti il confronto fu cosí animato che parlavano tutti insieme. Oppure un dialogo in particolare si imponeva, come quando la madre di Zoran, quasi dimentica di trovarsi in pubblico, disse con la sua lingua inasprita e foresta di donna spezzata, puntando il figlio: – Mi dici perché non parli mai me, non dici mai niente, che devo sempre chiamare altri per sapere tutto, dai compiti a come stai? – E lui, seduto al lato opposto, le bionde ciglia aggrondate, con un lampo negli occhi si ostinava a non rispondere, e in quel lampo passava il bambino che era e che aveva smesso di essere, ma solo per dispetto, perché si era sentito tradito.

– Insomma, vuoi parlare me? Vuoi? – Fu cosí spudoratamente accorato quel grido che ci zittimmo, e per alcuni secondi tutti guardarono da lui a lei e ritorno, un laccio ridotto all'anima eppure indistruttibile. Trattenemmo il fiato: – *Neću!* – rispose Zoran, stupendoci. L'unica volta che lo avevamo sentito parlare croato era stato per la

Nazionale a memoria. Ora scoppia a piangere, pensammo tutti di lei, e invece la madre rilassò la schiena fino a un attimo prima protesa, cercò gli occhi delle altre e finí per sorridere, come a dire: «Ma che farci, è mio figlio!»

Continuarono a parlarsi addosso per un'ora, le mamme ben piú chiassose dei figli. Il libro lo avevamo lasciato lí dove stanno i libri, in punta al trampolino: eravamo già al largo. Fu la campanella a buttarci fuori.

L'indomani un messaggio della rappresentante mi comunicava che le mamme erano rimaste contente. «Vorrebbero farlo di nuovo, prof. Abbiamo tanto bisogno di cose cosí».

C'è una foto che, a guardarla adesso, mi appare presaga. Siamo in spiaggia, alle nostre spalle gli zampilli delle onde sollevate dal maestrale attirano gli ultimi raggi, creando come un alone intorno a noi, ombre vagamente sorridenti colte in un moto collettivo di allegria. Avevo chiesto due volte di ripetere lo scatto. Alla terza: – No, dài, prof!

– Ma è controluce! – protestai invano. Ecco, oggi quella controluce in cui solo io ammiccando posso indovinare le espressioni di ognuno, in cui tutti sembriamo pronti a fonderci in una dissolvenza, mi pare racconti come un flash forward come sarebbe finito quest'anno: come sarebbero sbiaditi i nostri giorni, spente le nostre energie, vanificati gli sforzi, come saremmo lentamente svaniti tenendoci per mano.

Perché è proprio questo che sta succedendo, stiamo svanendo. La connessione non ci regge piú, e va e viene come il vento nel bel mezzo delle spiegazioni, delle verifiche, delle conversazioni. Gli alunni, o meglio le loro icone con i loro imperscrutabili emblemi, le vedo palpitare, poi apparire e scomparire come luci di Natale. Alcune si sono spente da giorni, ormai, e vani sono i miei solleciti a rientrare. Persino Giada ha perduto lo smalto delle prime settimane, il sorriso da *kore* arcaica che ne rifletteva l'intima gratificazione. È sempre lí, ma spesso uno sbadiglio incontrollabile e non protetto ne scompone i tratti (eh già, perché proteggerlo uno sbadiglio di qua da uno schermo?) La mia 3H, insomma, dopo qualche palpito, mi pare un moribondo che cerco invano di rianimare.

Cosí mi spazientisco coi genitori, mi attacco al telefono, scrivo messaggi, intimo. Abbiamo fatto tutto il possibile, dico. Abbiamo messo a disposizione tablet, connessione, disponibilità oraria. Collaborate anche voi, intendo. E le repliche non si fanno attendere. Quella di un padre, ad esempio, con un messaggio vocale: «Allora, buongiorno signora professoressa. Noi ci proviamo a collegarci ma abbiamo problemi... Volete mettere l'assenza? Mettetela, dico... Giustamente voi dovete dimostrare che lavorate. Giustamente avete un posto di lavoro, voi. E anche lo stipendio, dico... Noi siamo disoccupati... siamo disperati... Abbiamo un telefono per tutta la famiglia!... Voi avete ragione, dico... Mettetela l'assenza... Fate come volete, fate... E buongiorno! Le auguro una buona giornata e una buona videolezione!»

Il dito parte in automatico per rispondere, senza dar conto alla testa che è come paralizzata dalla scaramanzia, per quel congedo foriero di catastrofi telematiche e non solo. E dall'avvilente percezione del ridicolo. Ridicolo il mio impegno, la mia fatica; insulse le mie pretese, le mie aspettative. La testa si riscuote in tempo per fermare quel cretino del dito. Sto comodamente seduta davanti al pc, io. E mi pagano per giunta. Metto il piatto in tavola, io. Solo la noia di telefonare per la spesa a domicilio. Dio mio, ma dove vivo? Dove viviamo, noi docenti? Nell'iperuranio del sapere astratto? O col naso nelle schedine da riempire? Ce l'ho, ce l'ho, mi manca questo voto... No, non ho nulla da ribattere a questo padre, a tutti i padri e le madri che in modo gentile o frettoloso, umiliato o distratto mi stanno rispondendo. Zitta devo stare, che, come si dice da noi in casi come questo, *ci faccio piú figura*.

Capitolo nono

Connessa col passato

E intanto, come dicono in *Grey's Anatomy*, «la sto perdendo», la mia 3H. E per quanto mi metta ogni giorno il rossetto e mi impegni a rassicurarli e lasciare spazio alle confidenze, non riesco a concludere le videolezioni con un orgoglioso «l'ho ripresa!» Li vedo lenti, distanti, distratti. L'unico tasto che risuona sono gli esami: allora fanno qualche sforzo, pur di espletare quella squallida formalità che li certificherà finalmente fuori dalla scuola del primo ciclo.

Ma io non voglio che li pensino cosí. Non lo avrei voluto in presenza e mi ostino anche da qui. Gli esami sono le Colonne d'Ercole: dopo si dovranno sentire tutti piccoli Ulisse. Non è al voto che penso. Non importa quanto estesa sia la circumnavigazione: ognuno dovrà doppiare se stesso. Ciò che vorrei per ogni mio alunno è che possa dire, dopo: Non credevo di potere. Gli esami non sono una porta chiusa, ma un portone che si apre: non devono servire a certificare un passato, ma a scagliarti incontro a un futuro che, mentre voli, si fa rapidamente presente...

Macché.

– Pro, la facciamo 'sta tesina?

– Quando la dobbiamo presentare? Come? Entro quando? Via mail? A che indirizzo? – e giú lezioni di prematura burocrazia. Eccoli qua, hanno già i toni e le espressioni del travet: bigi, impassibili, incolori. È un'ansia senza vita che li spinge a sommergermi di domande, quella di chi spera di ritirare un certificato prima dell'ora di chiusura. Li sento, i ragazzi, stanchi come adulti senza essere passati per la gioventú. Forse è questo l'effetto che fa, il remoto: invecchia precocemente. L'asportazione chirurgica di tutto quanto è connesso alla giovane età, cioè il corpo, costringe all'astrazione. E nel bruciare lo spazio, consuma anche il tempo.

Lavorare in remoto ottimizza i tempi, ma non fa guadagnare tempo. Non è un gioco di parole. Dove lo spazio si allarga, il tempo si dilata come una sporta che non puoi non riempire. Ma quando il tempo diventa il carburante dello spazio, ne consumiamo di piú e piú febbrilmente del petrolio: in men che non si dica la sacca pende vuota, ed è subito sera.

Cosí sono disconnessa, oggi.

– Prrrooooo...

– Pro-ò!

– Picciotti, io me ne esco...

– La Pro non c'è.

– E domani?

Disconnessa oggi e domani.

– Domani abbiamo due ore...

– E se la Pro non c'è?

Perché non ho piú la forza di sognarlo diverso, domani.

– Fra', è stato bello!

– Io torno a dormire.

– Ciao...

– ...ao...

– Cià.

E immagini fugaci di chi per errore nell'uscire riaccende la webcam passano veloci come uccelli migratori...

No, non può finire cosí. Devo trovare qualcosa per riprenderli e per riprendermi, ma subito, d'urgenza, un defibrillatore, un elettroshock, è una questione non di giorni: minuti, secondi!

Guardo avanti, ci provo. Ma promesse e intimazioni sul futuro gli scivolerebbero addosso, ora scivolano addosso anche a me. Mi rivolgo allora al passato, il nostro piccolo passato condiviso, il codice costruito in questi anni. E all'improvviso, a proposito di lessico famigliare, mi torna in mente un gioco fatto a novembre della prima, quando mi fu chiaro che «Prendete il libro a pagina tre» con loro non durava neanche dieci minuti: «Anagramma il tuo nome». Ne sarebbe venuto fuori il loro alter ego.

Non fu difficile spiegare il concetto, appellandomi all'immaginario dei supereroi. Il nuovo nome doveva incarnare tutto quello che ciascuno di loro sarebbe voluto essere, in termini di superpoteri. *I nostri alter ego* è diventato un cartellone che ci ha accompagnato nei traslochi da un'aula all'altra, in questi tre anni, con tutti i soprannomi e i relativi ritratti. Anagrammando si erano di volta in volta divertiti, spazientiti, innervositi, gasati. Piú spesso infastiditi, perché le soluzioni migliori gli venivano lavorando su alcune lettere e lasciandone fuori altre. Ma la consegna era: usarle tutte, non lasciar fuori neanche un pezzetto di sé! Cosí avevano provato e riprovato per trovare un nome che davvero gli piacesse, talvolta qualcuno lo trovava per qualcun altro. Infine li abbiamo avuti tutti, da Ronza, che aveva entusiasmato subito Zoran per la sonorità tutta italiana, a Roaura: il ruggito segreto di Aurora; c'erano Iagda e Irazam (Giada e Marzia) col loro suono da saga dei Nibelunghi; Attiam mi divertiva, però Mattia l'aveva rifiutato subito: *attía* nel nostro dialetto si usa per interpellare qualcuno non troppo cordialmente. Cosí l'avevamo sostituito col piú nobile Tamita, che sapeva un po' di samurai e un po' di Gormita. Teo avrebbe voluto sbrigarsela col diminutivo, ma non mi lasciai impietosire. Nacque cosí Ostiatte, che sembrava uscito dritto dritto dall'*Iliade*: io ero raggiante e lui mi guardò con un lampo di pietà, come a dire «contenta tu». Cercavo di spiegare le mie impressioni: talvolta li lasciavo convinti, talvolta no e, scarabocchiando rabbiosamente sulla prova, finivano per fare di testa loro.

Il dramma di Emanuele fu che il primo anagramma del

suo nome iniziava con «ele» e ricordava il mammifero con la proboscide. Subito il ragazzo s'infoscò, quel soprannome preannunciava nuovi motivi di dileggio. Provare e riprovare fu una lezione di vita: cosí nacque Enuemael, che sostituiva l'idea di goffaggine con quella di potenza, di regalità. Nacquero ancora Abrabra (Barbara) e Asra (Sara), ma il piú gettonato, il piú ripetuto, quello che entrò piú di tutti a far parte del nostro quotidiano fu l'anagramma di Manfredi, Ferdiman, subito pronunciato «Ferdimen», all'inglese: quello sí che era un supereroe! Del resto nessuno aveva dimenticato la scena di lui che sollevava Zoran da terra, alla stregua di Achille o di Thor. Manfredi dal suo angolo buio sogghignava, e non gli dispiacque che il suo, piú degli altri, divenisse il primo nome, come Augusto per Ottaviano, per intenderci. In breve, finimmo tutti per chiamarlo Ferdimen.

Lo abbiamo chiamato Ferdimen fino al giorno prima della chiusura, rifletto. All'indomani della Dad è bruscamente ridiventato Manfredi, e nessuno ci ha fatto caso, forse neanche lui. Certo, rifletto. La scuola era la nostra casa, con tanto di riti e liti, con la microantropologia che aveva fatto di noi una piccola comunità. La Dad è altro, è tutto ciò che è fuori, oltre la soglia: non perciò cattiva, ma è come partire e non sapere dove si va. Avanzando, rischiamo di dimenticarci. Dovremmo, anche qui, piantare la tenda. E invece sappiamo che non durerà, quindi che senso ha scavare, costruire...

– Buongiorno, Iagda! Come stai?

Un attimo prima di uscire dall'aula virtuale, Giada dilata l'occhio assonnato e mi fissa interdetta. – Aaaah, – annuisce dopo venti secondi buoni, e cala la testa per assicurarmi che ha capito. I tondini che si stavano spegnendo si riaccendono, ricominciano a pulsare.

– Pro?

– Buongiorno, Pro...

– Roaura, come va? Guarda chi c'è, Enuemael!

– Pro?
– Pro…
– Tamita! Ed ecco Irazam…
– Miiiiih…
– Te li ricordi, Pro?
– Ma che sono?
– Che, non ti ricordi? In prima…
– I supereroi, Pro.
– Gli alter ego!
«Raga, la Pro c'è. Rientrate», scrive qualcuno in chat.
– Buongiorno, Ferdimen. Ci sei mancato!
– Ferdimen!
– Vero, Ferdimen…
– E il mio, Pro? Te lo ricordi?
– Ronza!
– Vero…
– E il mio?
– Il mio?
– Il mio, Pro!

Meno male che ho ripassato. Sarebbe stata un'imperdonabile mancanza trascurarne anche solo uno, perché alcuni lo ricordano, altri davvero l'hanno scordato, ma altri ancora mi stanno mettendo alla prova.

– Io ero Arsa…
– No, Asra!
– Vero… Cosí era piú bello!
– E io Abrabra.
– E com'era Teotista?
– Aspe'… Tatte? Tiste? Com'era?…
– No, con la O…
– Oti… Oti…
– Sí, Otite!

Ridono. Ostiatte, era Ostiatte. Ecco, abbiamo acceso un piccolo fuoco, ci stiamo sedendo attorno, ci scaldiamo, ci guardiamo in faccia finalmente, dopo un vano camminare. Ci ricordiamo di come li avevano disegnati, dei poteri che gli avevano attribuito, qualcuno corregge l'altro, qualcuno rettifica ricordando meglio, qualcuno chiede che fine avrà fatto il nostro cartellone. Gli esami se li sono dimenticati.

– E Celeste? Com'era quello di Celeste?

– Celeste non c'era in prima, scemo!

– È venuta in terza...

– Io l'ho vista l'altro giorno. È... Cioè, ha la...

– Guarda che lo puoi dire!

– È incinta, Pro, aspetta un bambino!

– I maschi si vergognano a dirlo, Pro.

Silenzio un attimo. Stanno, maschi e femmine, aspettando il mio giudizio.

– Sí, me l'ha detto.

– Lo sapevi, Pro?

– È troppo piccola...

– Non si può sposare.

– È felice, – dico. – È questo che conta.

Ancora un attimo di sospensione. Nelle loro menti in subbuglio buonsenso comune, sani principî e il turbamento che dà la prossimità della trasgressione si stanno rincorrendo nel gioco delle sedie, forse per eliminarsi a vicenda.

– Facciamo un alter ego per Celeste.

– Ottima idea, Tamita!

– E per il suo bambino! – esclama Roaura, ispirata.

– Ma se ancora manco è nato!

– Manco sai se è maschio o femmina!

– Glielo chiediamo. Ci avrà pensato, no? Come lo chiamerà.

– Magari già ha deciso.

– Questo sí che è un bel regalo –. Perché un nome, penso, ci dice chi siamo, ma il soprannome, be', nel soprannome c'è tutto il resto. – E ora ve ne faccio uno io... Ecco! Vi voglio regalare una poesia, prima di lasciarci, – dico quando mancano dieci minuti. Non lo preciso, ma per «lasciarci» non intendo la fine dell'ora. Nello schermo del mio computer condivido *Il piú bello dei mari* di Nâzım Hikmet. La leggo. La leggo e basta.

Il piú bello dei mari
è quello che non navigammo.
Il piú bello dei nostri figli
non è ancora cresciuto.
I piú belli dei nostri giorni
non li abbiamo ancora vissuti.
E quello
che vorrei dirti di piú bello
non te l'ho ancora detto.

Silenzio.
– Bella, Pro.
Silenzio ancora.
– Sembra Ulisse, Pro.
– Cosa?
– Quella storia del mare, di andare sempre piú avanti…
Bravo Enuemael, penso fra me. Non hai dimenticato le Colonne d'Ercole.
– Sí, Pro. Che gli umani vogliono sapere sempre piú cose, sempre piú cose…
Tamita ricorda la morale di Prometeo.
– Però c'è anche la speranza… – dice Roaura, e le trema la voce. Forse pensa alla sua famiglia.
– Non è espressa come semplice speranza, ragazzi. Dice «è», usa l'indicativo presente il poeta. È una certezza. Sarà certamente cosí.
– Però è anche negativa la cosa… la poesia…
– In che senso?
– Dice «non è ancora cresciuto», «non li abbiamo vissuti»…
Ha ragione Abrabra, sagace come sempre.
– È vero, è tutta costruita abbinando una forma affermativa e una negativa, questa poesia. Perché, secondo voi?

– Perché…
– Perché è tutto scimunito, – prova a uscirsene qualcuno. Quando la tensione emotiva monta, c'è sempre qualcuno che sente il bisogno di fare il buco, di sfiatare. Di solito si tratta di Ostiatte. Ridono.
– Perché è cosí la vita… – si sente tra le risa.
– Come? Com'è, Enuemael?
Annaspa, vorrebbe rinunciare, ma sente che lo aspetto: – Buh, Pro… Un po-poco negativa e-e un poco posi-sitiva.
– E le cose positive sono sempre quelle che devono ancora venire, – si affretta a concludere Irazam, che dopo aver taciuto per settimane sembra aver ritrovato all'improvviso il gusto di battere ogni record.
– Il presente è come se non è mai… – tenta Roaura.
– Non è mai?
– Abbastanza, Pro. Non è mai abbastanza.
Altro che limitata, la mia Roaura. Illimitati siamo, tutti noi umani.
– Ma secondo voi come lo vede il poeta, il futuro?
– Bello, Pro, – mi assicura Iagda. – Piú bello del presente.
– Ma non parla solo del presente e del futuro, Pro. Anche del passato… – analizza ancora Abrabra. – Dice: «non navigammo», «non te l'ho ancora detto».
– E come lo vede il passato, il poeta?
– Bello, Pro, – annuisce Iagda. – Ma è piú bello il futuro.
Ecco, sí. Era questo, penso, che vi volevo regalare.
– Bene. Sono contenta che vi sia piaciuta questa poesia. Domani invece leggiamo…
– Una cosa, Pro. Ma quella storia del figlio…
– Quale?
– Del figlio piú bello. Non è che mi sembra tanto giusto… – conclude Asra. Un attimo di silenzio. Poi scoppiamo tutti a ridere.
– Ehi, Pro. Ma dov'eri finita prima?
In un buco, ero finita. Un buco della (nostra) rete.

L'indomani è il 23 maggio. Dal 1993, l'anno dopo la strage di Capaci, non sono mancata una volta alla commemorazione davanti all'Albero Falcone. Ci sono andata da sola, in compagnia, con la febbre, col pancione, con mio figlio in braccio o al collo, sotto la pioggia battente o il solleone. Nel 2002 la Fondazione Falcone aprí la partecipazione alle scuole e da quell'anno ci sono andata sempre con i miei alunni. È una maratona, con gli alunni. Una giornata che comincia alle 6, perché alle 7 c'è l'appuntamento al porto, alle 7.30 arrivano le navi della legalità cariche di scolari provenienti da tutta Italia. I pullman delle forze dell'ordine ci portano poi a piazza Magione, dove la giornata prosegue tra laboratori, spettacoli e visite agli stand, e il pranzo offerto dalla Protezione civile o preparato dagli alunni dell'Alberghiero. Nel primo pomeriggio ci si sposta all'Aula Bunker, dove inizia il corteo. Un corteo infinito nel senso del tempo e dello spazio, della quantità e dell'estensione. Gli elicotteri di tutti i corpi di polizia, forse pure i canadair ci sorvegliano dall'alto, e gli obiettivi di tutte le tivú del mondo sono puntati su di noi. Noi, intanto, cantiamo e balliamo, sventolando lo striscione che abbiamo realizzato, o ci uniamo allo slogan gridato dalla fila davanti alla nostra, e finiamo per fare amicizia, che siano universitari di Bergamo o elementari di Raddusa. Personalmente, di anno in anno la mia partecipazione si è fatta piú sentita: ballo e canto come a un rave, sollecitando senza remore i ragazzi a fare altrettanto.

Conservo chiaro il ricordo delle precedenti edizioni, quelle senza alunni. Alle prime eravamo in duemila, alla fine degli anni Novanta qualche centinaio, sempre gli stessi, ci si incontrava come i parenti a Natale, avevamo imparato a riconoscerci. Mi sentivo ogni anno piú vecchia non il giorno del mio compleanno, ma il 23 maggio. Per questo canto e ballo sfrenatamente. Star dentro a quel corpo fatto di migliaia di corpi, che ha un moto e una voce sola, mi restituisce la mia giovinezza, sfiorita di colpo tra maggio e luglio del '92.

Quando ogni anno ci prepariamo a partecipare, i ragazzi pensano solo alla gita fuori porta. Sogguardano con stupore e un po' di sospetto il mio entusiasmo, se ne tengono al riparo. Poi, poco a poco, la giornata li conquista. L'ombra delle navi della Tirrenia che attraccando ci sottraggono la vista del sole, le gigantografie di Giovanni e Paolo sorridenti e le migliaia di braccia tese a salutare l'approdo, le nostre che non possono non rispondere: quella percezione visiva di strappo sanato, di parti lacerate che tornano un intero è cosí materiale, cosí fisica da commuovere. A piazza Magione è la vera gita, il passeggio e il picnic, ma poi il corteo è un'orgia catartica, un funerale allegro, come dire? Una dichiarazione cantata di impegno civile. E i ragazzi ne escono stropicciati ed euforici, stupefatti che un entusiasmo simile si possa provare per qualcos'altro che le partite di calcio e i Vip.

Ma oggi, 23 maggio 2020, la manifestazione all'Albero Falcone non ci sarà. Come trasmetterne lo spirito e la passione a ragazzi che resteranno chiusi in casa? Come passargli, quest'anno, la staffetta? Raccontare ciò che gli sarà precluso sarebbe sadico, se ne proteggerebbero negandogli importanza. Passare sotto silenzio emotivo la giornata, allora, limitandosi alle informazioni: chi era Falcone, il Maxiprocesso, la reazione dello Stato? Dopo dieci minuti mi ascolterebbero senza sentire, e la mia giovinezza e la storia che se la portò verrebbero archiviate come uno dei tanti capitoli da ripassare in vista della prossima verifica. E non solo perché siamo in Dad. Come, allora?

– Buuuongiooorno, Pro.

– Buongiorno, Giada.

Aspetto che siano almeno un po'. Poi condivido la foto dell'omicidio di Piersanti Mattarella. Chiedo se la conoscono. Nessuno l'ha mai vista. Qualcuno si aiuta con la didascalia del sito, riconosce il cognome.

– Hanno ucciso il Presidente, Pro?
– No, è una foto antica. Lo vedete il signore in fondo? Cosa fa?
– Lo tiene...
– Lo tira fuori.
– Lo riconoscete?
– No...
– Non si vede bene.
– È il fratello di Piersanti, Sergio. Il Presidente della Repubblica.
C'è un silenzio stupito, di cui approfitto. – Il nostro Presidente è il fratello di una vittima di mafia.
– Era giovane, Pro.
– È successo quarant'anni fa. Io avevo dieci anni, – aggiungo, per dargli un parametro, un avanti e dopo Cristo alla portata dei piccoli.
– E gli hanno ucciso il fratello?
– Era presidente della Regione. Aveva messo mano a nuove leggi... voleva attuare riforme che avrebbero messo in ginocchio la mafia. Oggi ricordiamo la morte di Falcone, ma Falcone è uno degli ultimi, sono tante le vittime di mafia da celebrare.
– C'è una donna che si mette le mani in faccia, Pro.
– Chissà che ha visto...
– Però il fatto che gli hanno ucciso il fratello, non lo so, sembra...
– Sembra piú normale.
– È normale che gli uccidono il fratello?
– Normale intendo... come noi, ecco.
– Piú vicino a noi, questo dici?
– Sí, Pro.
– Hai ragione.
Racconto allora di chi ha scattato quella foto, Letizia Battaglia, fotografa palermitana nota in tutto il mondo per i suoi scatti sui fatti di mafia. Ne faccio scorrere alcuni, sul mio schermo condiviso. Questi sembrano riconoscerli,

o forse gli ricordano certe fiction di cui si sono rimpinzati senza riuscire a capirci qualcosa. Parlo del 19 luglio e del perché ogni anno torniamo a stendere lenzuoli bianchi, in quei giorni. Chiedo di farlo anche loro, oggi, stendere un drappo bianco al balcone, che divenga una bandiera, non un semplice simbolo ma la proclamazione di un cambiamento, e mentre lo dico ripenso al tema di Emanuele l'anno scorso: è giunta l'ora di saperlo da che parte stanno, e da che parte stare. Parlo allora di Libero Grassi, di Addiopizzo. Sono improvvisamente bulimica di flash, di suggestioni, voglio riempirli anch'io, ma di cose vere e giuste, prima di perderli, ormai è iniziato il conto alla rovescia. E loro stanno come sotto tiro, abbagliati e trafitti. Ma quando mi fermo per prendere fiato, mi accorgo che l'immagine davanti ai miei occhi è cambiata, qualcuno ha preso l'iniziativa, ha nuovamente condiviso la prima foto, quella di Mattarella.

– A guardarlo si riconosce che è lui...

– Non si vede bene la faccia del Presidente, ma si capisce che...

– Cosa?

Si parlano addosso, o in qualche modo insieme. Si leva su per l'etere un pulviscolo di commenti.

– È nervoso, è teso...

– È spaventato.

– Vorrei vedere a te.

– Se t'ammazzano il fratello...

– Ma dove guarda?

– Forse cerca un medico, o la polizia.

– Sembra che sta scappando...

– Come, Mattia? Come hai detto?

– Mi sembra, sí... che sta scappando.

Non sanno le cose e gli scoccia saperle, non li fanno i compiti, fanno la muffa davanti alla play e poi ti spiazzano cosí, con intuizioni che folgorano perché non hanno paura di niente, men che mai di suonare irriverenti.

– Forse sí. Forse hai ragione. Scappa verso il futuro, – concludo.

E non so se si vede alla webcam, ma gli occhi mi si riempiono di lacrime. Grazie a loro a me manca solo di stendere il lenzuolo: oggi, da qui, l'ho celebrato il mio 23 maggio.

Capitolo decimo
Gli esami

Ci siamo. Maggio squaglia e giugno, fra domenica e festa della Repubblica, non è che una manciata di ore. La tesina andrà inviata via mail entro mezzogiorno del 6. Pochi sono i genitori che usano abitualmente la mail, pochissimi quelli che sanno allegare un file. Ancor meno quelli che hanno un pc: i ragazzi comporranno il loro lavoro al telefono. Realizzo, dopo averci girato intorno, che la strada è una e obbligata. Apro l'agenda e comincio a prendere appuntamenti, esattamente come un medico o un consulente finanziario.

– Marzia, ci vediamo il 28 pomeriggio alle 16? Aurora, tu puoi alle 17? Manu, Sara e Giada, vi incontro insieme? Va bene il 29 alle 15.30?

E giú a concordare, cancellare e riscrivere. Cosí, dopo le videolezioni del mattino, il tempo di mangiare e ricomincio con le videolezioni del pomeriggio, quelle personalizzate. Anche in questo nuovo assetto tête-à-tête molti di loro non si mostrano: il motivo dell'oscuramento dunque sono io. Mi dispiace un po', ma «devo capire», ormai lo so, cioè rinunciare a capire e procedere. Accetto cosí di parlare con un cerchio che pulsa tutte le volte che l'alunno mi risponde. Salvo quando condividiamo i materiali: allora è un po' come sfogliare insieme lo stesso libro, è come se le nostre teste si toccassero.

Ho raccomandato a ciascuno di scegliere un argomento che lo appassiona. Fioccano droga e adolescenza dunque, ma spuntano lo sport, l'Agenda 2030, i diritti umani, persino la pandemia.

Marzia ha scelto la Grande Guerra, ma il giorno che sta per mostrarmi il suo lavoro scoppia in lacrime. Non riesce a fermarsi. E, sorprendentemente, accende la webcam e mi condanna allo spettacolo della sua desolazione. – Non ce la faccio, è inutile, non ce la posso fare, – si impunta, come fosse una questione di principio. È sempre lí, inchiodata alla sua sfida. E io? Dove sono io? mi chiedo stavolta. Alta com'è, ho dimenticato troppo spesso che è una bambina. Ho voluto farle capire «dove sorge il sole», ed era del mio sole che parlavo. Ho imposto un sole piú luminoso al centro del suo sistema, è stata una prova di forza. Ma apprendo colpevolmente solo in questi giorni che il fratellino di Marzia non sta bene. Prima sembra qualcosa che non è, poi qualcosa che passa, e passa, lí per lí. L'ombra si materializza, sfuma, scompare, in realtà si acquatta, cova. Marzia si sta preparando. Erge fortificazioni contro l'assedio. Puntella come può le sue piccole mura. Dai suoi vorticosi fondali si levano branchi di incubi, stormi di rimorsi, mentre la volontà si aggrappa all'ambizione come a una gomena nel mare grosso. È di due mesi fa la notizia che è una cosa seria, che sarà una battaglia dura, persa. E Marzia studia, studia piú che può, per prepararsi. Non all'esame. A perdere.

Cosí adesso non mi sembra piú una gigante rossa, adesso è una bambina piccola, piccolissima davanti al baratro della vita. Deve buttarsi e ha paura, perché lo sa che si farà male. Adesso io sono un'insegnante che ha commesso il piú grande errore che si possa commettere nei confronti di un alunno. Non devo chiedermi se Marzia ce la farà a cadere e rialzarsi. Devo chiedermi se ce la farò.

– Il mio argomento era la Shoah, – dico.

– Il suo cosa?

– Ai miei tempi si chiamava Olocausto.

– Agli esami di terza, Pro?

– Ero terrorizzata.

– Non ci credo… Ma era brava, lei!

– Ero troppo timida perché se ne accorgessero. No, brava come dici tu no. Sai, penso di esserlo diventata quando ho cominciato a insegnare.

– E come ha fatto agli esami, Pro?

– Oh, non è stato merito mio. È stata la mia insegnante.

– Che ha fatto?

– Mi ha strizzato l'occhio. Lo faceva sempre in classe per scherzare. Lo faceva quando non riuscivo a rispondere, a cominciare. Lo ha fatto anche all'esame. E io mi sono dimenticata di tutti. Ho guardato solo lei. Ma ti piace davvero la Prima guerra mondiale?

– Veramente avevo pensato al sistema immunitario, – risponde, e aggiunge: – Per mio fratello, sa…

La guardo, mi guarda, e basta: – È un argomento bellissimo, Marzia –. E ci mettiamo al lavoro.

Mattia non lo vedo, ma a telecamere spente me lo immagino piú smunto del solito. Ha scelto l'inquinamento, da un po' di mesi si è appassionato al tema, cerca documentari su internet e se li guarda di notte, invece di dormire. Ma ora è confuso di fronte alla quantità di informazioni, non sa metterci ordine, cosí mormora, devo chiedergli di ripetere. Quattro buone idee su come collegare le discipline le ha, e io lo elogio spropositatamente. Stira un sorriso debole, forse: credo di registrare un filo di animo in piú nella sua voce. Guardiamo insieme dei materiali e poco a poco si rilassa, si scorda quasi che stiamo lavorando per gli esami, quasi ricorda che l'argomento che sta studiando coincide con i suoi interessi. È il grande rischio di ogni banco di prova: trasformare in angosce le passioni, in nemico chi ci è caro.

Aurora quando la incontro è stranamente frettolosa, sfuggente. Comincio a ragionare del suo argomento, i diritti delle donne, ma lei non ci sta con la testa e a bruciapelo mi dice: – Io parto, Pro.

– Come parti?

– Vado a Milano.

– A Milano? Adesso?

– Andiamo a stare lí, abbiamo amici. Perché i miei genitori, lo sa... Lo sa, dei miei genitori... – e me lo ripete come se fossi io a dovermene fare una ragione.

– E gli esami?

Ho appena detto una sciocchezza, me ne rendo conto un attimo prima che me lo faccia notare lei: – Gli esami sono online, Pro. Li faccio col telefono.

– Ma da dove, dal treno?!

– Partiamo domani. Per gli esami sono arrivata.

– Ma scusa, non potevate partire dopo? È cosí urgente? Cioè, lo so che ci sono problemi a casa, ma non era meglio...

– La mamma dice che vuole vedere il mondo, Pro.

– Vuole vedere cosa?

La vorrei qui tra le grinfie, quella mamma che vuole vedere il mondo mentre io vedo ogni istante piú vicina la fine del tempo. Mi limito a cercarla per telefono. Alle mie osservazioni ribatte: – Che vuole, non è che le cose succedono sempre quando devono succedere... – Non infierisco. Del resto, è decisa. È scoccata l'ora, si vede. La fine del countdown. Non chiedo e non voglio conoscere le ragioni e i torti. Ma mi ripeto ancora una volta che quando giudichiamo un ragazzo, quando allunghiamo la penna per vergare un voto, dovremmo fare una semplice quanto saggia operazione matematica per calcolarlo, il suo e quello dei compagni: una proporzione.

Alcuni, come Sara o Teo, li vedo una sola volta per un quarto d'ora scarso, e dopo quattro indicazioni mostreranno una gran premura di lasciarmi, in una comica inversione delle parti che vede loro rassicurare me. Perfino Manu: – Ho ca-capito, per Geografia la-la-la-l'America, me la mandi tu e io la faccio, tra-tranquilla, Pro –. E c'è Barbara che un giorno, anzi una sera, la sera prima della scadenza, mi manda un vocale lapidario da un numero sconosciuto: «Ho perso il telefono, Pro». Perché me lo stia dicendo lo capisco solo quando mi arriva il secondo: «C'era la tesina dentro».

La richiamo subito. Come perso, dove? E poi, come è possibile perdere una tesina scritta nell'etere, affidata al web?

– L'avevo fatta tutta lí. Ho pianto due ore, Pro, – per cui ne impieghiamo mezza a ragionare che ci sarà pure un modo, è una questione di account, dovrebbe provare da un altro dispositivo, ma lei non ha un altro dispositivo, il telefono lo condivideva con la mamma che lo ha smarrito e non ricorda le password. Gridando al telefono di un'amica me lo spiega a mitraglia, inanellando sillabe che il suo accento meticcio leviga e erode, come fa quando si infervora o si appassiona. O si dispera. E io mitraglio a mia volta:

– Va bene, stiamo calmi, ora ti aiuto io, ti rimando...

– Tranquilla, Pro. La rifaccio –. Improvvisamente lucida, gli occhi asciutti di quando guarda sua madre è come se li vedessi. Non sono occhi cattivi, capisco ora, sono occhi decisi a non farsi sotterrare da nessuno e niente. – La rifaccio stanotte, Pro. Me la ricordo. Me la ricordo tutta.

– Guarda che posso chiedere una proroga, non è una scadenza tassativa, è tutto nuovo quest'anno, difficoltà come questa possono...

– Ce la faccio.

– Se può aiutarti, ti mando...

– Se ho bisogno ti chiedo.

Non ho perso di vista il telefono, quella notte, per molte ore prima di crollare. Barbara non mi ha mai cercato. L'indomani mattina la segreteria mi ha notificato il regolare invio del suo lavoro.

L'opposto di Aurora, insomma, che dalla stazione, sul treno e tra una tappa e l'altra del suo giro del mondo non mi molla:

«Pro scusi il disturbo volevo chiederle a cosa posso collegare i diritti delle donne con italiano perché ho trovato un libro che si chiama una donna spezzata».

«Pro tecnologia come la collego ho pensato all'inseminazione artificiale».

«Per geografia faccio l'Asia per Malala glielo può dire lei alla Pro di geografia».

Ma poco a poco le sue povere forze si sfibrano, la sua insicurezza prende il sopravvento:

«Pro scusi il disturbo volevo chiederle se è meglio che comincio con storia poi italiano geografia inglese francese arte musica tecnologia o storia geografia inglese francese italiano tecnologia arte musica però forse storia italiano inglese francese geografia musica arte tecnologia è meglio vero grazie».

«Salve Pro volevo dirle ma il francese lo dico in francese o in italiano».

«Perché l'inglese lo dico in inglese».

«E l'italiano?» scherzo io, ma lei non raccoglie.

«Poi volevo chiederle cosa dovevo chiedere al Pro di scienze. O glielo chiede lei. Se si ricorda cosa dovevo chiedere grazie».

«Pro scusi il disturbo io ho mandato la tesina dalla mail di mamma ma la scuola aveva quella di papà fa lo stesso perché papà era registrato e mamma no quindi se per favore non è valida non può mandarla lei vero?»

Neanche la notte prima degli esami mi molla:

«Salve Pro scusi l'ora ma volevo dirle che quando ci sarà domani l'esame mi deve chiamare all'account di Skype e non di WeSchool perché WeSchool mi prende solo al pc e il pc l'ho lasciato a casa qui non l'ho che forse già gliel'ho detto ok grazie».

Neanche la notte dopo, per la verità:
«Pro salve può dirmi come è andata perché avevo poca rete io mi sentivo bene voi non tanto e quindi spero bene ma non so comunque grazie».
Lí per lí non ci farò caso, ma nei giorni quel suo ennesimo grazie lo sentirò risuonare a lungo, non come una abusata formula di cortesia ma come un ultimo saluto, e me lo terrò per me come un regalo. Il regalo di fine anno.

Capitolo undicesimo

Connessa con un sogno

Come sono andati gli esami? Dico che è stato strano vederli sfilare uno dopo l'altro davanti a una telecamera (perché quel giorno sí, si sono mostrati tutti) e da dietro una telecamera salutarli per l'ultima volta, congedarli con un fermo immagine e puf! non c'erano e non ci sarebbero piú stati. Dico che sono andati... «ciascuno secondo le proprie capacità», recita una gettonata formula didattica, per lasciar intendere con ipocrita eleganza che alcuni alunni sono e restano indietro. Io preferisco dire «ciascuno secondo il proprio temperamento, il proprio talento, inclinazioni e curiosità». Ecco, secondo questo criterio ogni alunno della mia 3H è stato dieci volte se stesso, cosí non posso che attribuire idealmente a tutti il massimo dei voti. Un altro criterio di valutazione, anche questo purtroppo inusuale, è che alla fine di ogni colloquio eravamo, noi commissari e il candidato, sorridenti. Quest'ordine di considerazioni non serve ad aumentare i voti, lo so. Ma se è vero che la fotografia è l'arte di cogliere nell'istante l'assoluto e incorniciarlo per l'eternità, è assolutamente vero che, liti e fatiche a parte, siamo stati bene insieme, e quando si sta bene si cresce, prima o poi, come le piante di *Piantala anche tu*.

Manfredi alla fine è stato promosso. Ho rinunciato a muovere qualsiasi obiezione per proteggerlo un anno ancora: l'anno giubilare della Dad ha deciso per noi. Lo consegno al suo futuro implume, un drago implume, e spero che il tempo trascorso tutti insieme gli abbia lasciato un sorriso che non si spegne, dietro la sciarpa. Emanuele ha dissertato di mafia e antimafia: balbettava, sí, ma era talmente appassionato che ce ne siamo dimenticati, e pure lui. A un certo punto ho osato, gli ho chiesto di raccontare alla commissione le sue impressioni della visita al museo Falcone-Borsellino fatta in seconda, ma era al suo tema che pensavo. Manu mi ha guardato e ha sorriso. Quando qualche giorno dopo ha appreso il suo voto, mi ha scritto deluso: «Non è servito a niente studiare tanto, Pro». Era stato deliberato che i voti, vista la circostanza straordinaria, fossero determinati dalla media del triennio, e la sua non era alta. «Stai scherzando, – gli ho risposto. – Grazie a questo voto mi hai appena scritto il primo messaggio interamente corretto della tua vita», e poi l'ho chiamato. Barbara la sua tesina sulla discriminazione razziale rifatta all'ultimo minuto l'ha presentata a mitraglia, come sa fare lei, ma non c'era da malignare se la sapeva a memoria. La sapeva a memoria anche Giada, che però sorrideva preventivamente soddisfatta di parlare della moda nei secoli, persino alle domande sorrideva ancor prima di rispondere, con l'aria furba da «questa la so». Aurora da Milano, in una stanza senza pupattole e trine, imbiancata e vuota da farle eco, si è messa subito a piangere e ridere insieme. Chissà che vento di emozioni l'ha attraversata nell'attimo dell'esame, che come tutti gli attimi cruciali trascina passato presente e futuro senza distinzioni di ere e qualità. Poi però a quello scoglio si è aggrappata, e non ha sospirato i suoi argomenti come la piccola che ripete la filastrocca per consolarsi della bua: il dolce ruggito di Roaura è venuto fuori dai diritti delle donne, l'argomento cazzuto che aveva scelto con passione di trattare. Ronza, ops! Zoran aveva in camera un piantone, ne abbiamo sentito subito la voce allarmata che non si preoccupava affatto di farsi sentire:

– *Hajde, kretenu, pričaj!* – parole incomprensibili rese eloquenti dalla ruvida apprensione del tono.

– Signora, per favore! Forse è meglio che esca... Lasciamolo tranquillo, signora...

E appena sua madre è uscita Zoran, ops! Ronza, di cui ho cominciato a temere la scena muta all'esame da quando l'ho conosciuto, ha aperto bocca sparando frasi come proiettili da una trincea come quando mi ripeté la sua Nazionale, ma ha parlato.

Marzia era pietrificata: l'occhio fisso, da quella finestra aperta su casa sua non guarda me né altri, si sporge pericolosamente come tante volte in classe, sedotta dal *cupio dissolvi* del «tanto non ce la faccio»: eccola che oscilla, oddio, sta per buttarsi. Come agguantarla cosí, davanti a tutti? Non siamo piú nell'intimità delle nostre lezioni, la mortificherei. Avanti, Maleficent! sillabo allora telepaticamente, Principessa sul pisello che non sei altro, parla, dannazione! Coraggio, penso infine, Irazam... E lei fa un passo indietro sul bilico, ci mette a fuoco tutti e incomincia.

E come lei, tutti si sono trasformati nei loro alter ego, i loro supersestessi, quel giorno. Tamita, il piccolo, astenico Tamita ci ha stupito discutendo di Agenda 2030 piú che nelle interrogazioni di tre anni messe insieme. Asra non ha prodotto versi da bagnino, piuttosto ha letto e spiegato quelli de *Il piú bello dei mari*, e Ostiatte si è grattato poco, giusto quel po' che certificava l'autenticità del suo lavoro: parlava di basket, gli occhi gli brillavano e la lingua viaggiava sciolta. Vai con Dio e Michael Jordan, Osti! ho mormorato fra me alla fine del colloquio, cliccando sul tasto che me lo avrebbe fatto sparire.

Solo Celeste ha insistito per non mostrarsi, abbiamo dovuto condurre il colloquio col fermo immagine del suo rossetto rosso e del suo kajal. A giustificarla, il parto imminente, un misto di pudore e senso di inadeguatezza che i colleghi hanno trovato comprensibile. Io invece mi sono morsa le labbra: certo, ho pensato, è l'unica che non ha fatto in tempo a darsi il magico nome! E il rimorso ripara nel futuro, quando suo figlio sarà mio alunno: dieci anni è un soffio. E giuro e rigiuro, per non dimenticare.

Qualche giorno dopo decido che è il momento di salutarci. Avevo sognato di non farlo in modo tradizionale, con una festa a scuola o una pizza: avevo pensato a un picnic all'aperto. Loro proponevano addirittura un bagno a mare. – Dopo gli esami, – rispondevo sempre, – cosí se affogate non è mia la responsabilità!

E invece dovremo fare anche questo «in remoto». Curiosa espressione, penso. Piú spesso riferita al tempo, «remoto» adesso è lo spazio, cosí dilatato da smarrirsi dentro il tempo. In effetti, il saluto che voglio dare ai miei alunni è remoto nello spazio e nel tempo, perché è un filmato dove ho messo in fila i ricordi di questi nostri tre anni. Nel montarlo, lo sgomento mi stava sommergendo di nuovo a constatare che ben poche erano le foto di quest'anno. Ma mentre lo penso, un collega mi fa una sorpresa: mi manda qualche scatto rubato durante gli esami, screenshot che inquadrano noi prof e i singoli candidati allo schermo del computer, ognuno in un'espressione ignara della ripresa, perciò a volte buffa, a volte intensa, a volte perduta, sempre naturalissima. Molto spesso ridiamo, cosí decido che è proprio un bel ricordo, e anche questi scatti entrano dentro il mio montaggio.

Lo invio e le reazioni non arrivano in tempo surreale, e neanche reale: segno che lo guardano davvero. Dopo un quarto d'ora piovono cuori pulsanti e faccine che baciano: tutte le emoticon a tema vengono scomodate e replicate a decine, come le lacrime che sarebbero cadute in presenza. Ma a colpirmi non è questo: Mattia, che ne è amministratore, cambia la descrizione del gruppo, che diventa: «3H la classe migliore».

E subito dopo, dal gruppo esce Marzia. Subito, come ci si toglie un dente. È un rituale arcaico, lo so da anni, a segnare la fine di un'età della vita, come la comunione fra i Cristiani e le pratiche di iniziazione tribali. È il taglio di un cordone, doloroso ma va fatto: finiti gli esami, si esce dalla chat. I primi anni ci restavo un po' male, poi ho dato questa lettura antropologica e funziona: non ci resto male piú. Anzi, festeggio l'evento come un segno di crescita, di emancipazione. Marzia esce subito, come non stesse piú nella pelle, e in questo la riconosco: sbatterci in faccia l'addio è il suo modo di restarci fedele. Cosí rimango a fissare la notifica del suo «abbandono», segretamente la saluto. E mi dispongo a registrare la sequela dei prossimi. Passa un minuto, cinque, mezz'ora: nessuno la segue. In genere è una reazione a catena, il primo dà la stura e gli altri a ruota. Ma dal gruppo 3H, per giorni, mesi, nessuno esce. Resta inattivo, nessuno scrive, non abbiamo piú nulla da condividere. Ma il gruppo è ancora là.

Certe volte mi perdo a sognare i miei alunni fra vent'anni. Mi accade con ogni classe, ogni anno, ma con la 3H mi accade di piú. Fra vent'anni io sono vecchia, cosí vecchia che, piaccia o no all'Inps, sono in pensione. Mio nipote incollato alla tivú guarda un servizio sul basket. Ma questo è Teotista, dico io, è stato alunno mio! E seguo un po' preoccupata l'intervista cui lui risponde con poche parole chiare e incisive, quelle di chi ha imparato infine a parlare in pubblico. E soprattutto non si gratta, aggiungo fra me con soddisfazione. Poi un giorno ho un malore: questa è la parte del sogno che preferisco. Sono già imbarellata in astanteria quando una dottoressa di passaggio si ferma: Pro, ma che ci fa qui? quasi mi redarguisce. E anche se la chioma fulva è mortificata da un fermaglio, la riconosco subito. Marzia mi resta vicino finché non mi riprendo. Fa in tempo a raccontarmi che Aurora ha lasciato Milano, è diventata infermiera, la incontra a volte in corsia. Penso sorridendo che l'ansia che ce la mostrava fragile si è trasformata in sollecitudine, l'altra bellissima faccia di quella sua medaglia. Mi raccomando, non la voglio vedere piú da queste parti! ruggisce infine la mia leonina, irascibile, carissima Marzia, e non dimentica di mettermi in borsa il suo biglietto da visita, «per qualunque cosa».

Sara è la mia parrucchiera di fiducia: si è fatta di una bellezza placida e luminosa, a vederla sulla soglia del suo locale vien voglia di entrare e dormicchiare un po' mentre lei ti massaggia mollemente la cute. E intanto mi racconta di Barbara, che è un giudice minorile. È importante, mi dice, Pro, arriva con la scorta. Qualche volta la prenoto quando prenota lei, cosí la incontra. Ce la vedo Barbara, sentinella di ogni sopruso. E Giada? le chiedo sempre in sogno. Si ricorda il planisfero di stoffa, Pro? mi dice lei, e continua: Fa la sarta. Forse l'ha capito allora cosa le piaceva fare. Sara sa anche di Celeste, che per un po' ha lavorato con lei alla ricostruzione unghie, poi ha fatto un corso regionale e ora è assistente all'infanzia in una scuola privata. È bravissima coi bambini, mi dice, l'anno prossimo ci mando mia figlia. E intanto studia al serale, dopo il diploma vuole andare all'università.

Anche Mattia lavora coi bambini. Fa l'istruttore sportivo di minori disabili, con l'attenzione e la pazienza imparate coi compagni piú tosti. E mi pare di vederlo: le tinte fosche di certe sue ombre e il brio irresistibile dei giorni di sole hanno trovato un luogo e un modo per riallacciare le storie degli altri, insieme alla sua. Manfredi invece l'ho cercato su internet. È stata Sara a girarmi il suo sito. Pubblica tutorial che insegnano a disegnare: la voce dello speaker è un'altra, ma la mano enorme quasi immobile, quasi riluttante da cui vengono fuori meraviglie, l'ho riconosciuta subito.

Emanuele lo incontro un giorno al palazzo di giustizia, sono lí per una comparizione. È lui a riconoscermi: io non sarei riuscita. È altissimo, robusto, le spalle dritte.

– Convocato anche tu, Emanuele?
– No, Pro. Io ci lavoro. Sono pubblico ministero.
La notizia mi arriva come un tir a duecento all'ora. Ci guardiamo negli occhi. I suoi, dietro gli occhiali, tornano gli stessi, dolenti e cupamente determinati di quando col pianto in gola mi denunciava le soperchierie di Zoran; di quando mi tese il compito in cui scriveva che la gente lí non sarebbe stata contenta di saperlo poliziotto. Avrei mille domande da fargli, ma il suo sguardo mi dice che le risposte già le so. Cosí mi commuovo, ma solo perché sono vecchia e i vecchi si commuovono, ed è lui a domandare: – Ha notizie di Zoran, Pro?
Mi rammarico di dover rispondere di no.
– Be', io sí –. Come quando a ricreazione mi intratteneva coi suoi indovinelli, a Manu piace ancora sorprendermi. – L'ho incontrato cinque anni fa, diciamo per lavoro, – e mi guarda con intenzione. – Adesso però tutto bene, è stato assunto da una onlus, marittimo, se ne intendeva già allora, ricorda? Insomma, quando c-ci si conosce da pi-piccoli...
Balbetta solo alla fine.
– Quando si litiga da piccoli, soprattutto... – E invece di dirgli grazie, per Zoran e per me, lo guardo anch'io con intenzione.

È solo un sogno, lo so. Intanto, le icone sullo schermo sono scomparse. Non diversamente, in fondo, da quando escono da quel portone al suono della campanella, l'ultimo giorno di terza. Passata l'estate, tra settembre e ottobre qualcuno viene a trovarti. Ti aspettano fuori, a volte. Qualcuno continua a tornare nel corso dell'anno. Poi accade che li incontri per strada, perché abitano là e tu là continui a insegnare. Poi, neanche quello: le loro vite imboccano una strada che non incrocia la tua. E tu non li cerchi, è giusto cosí. Non significa che ti abbiano dimenticato, ma indietro non si torna, tu sei il passato e loro sono frecce scoccate nell'opposta direzione.

Degli alunni che ho avuto in vent'anni di scuola, non so nulla. Se dei sogni sognati per ciascuno di loro almeno uno si è realizzato, non so neanche quello. È giusto cosí. Cosí, non smetto di sognare.

Nota.

Questo è un libro d'invenzione. Storie e personaggi qui raccontati non corrispondono a storie vere, a persone realmente esistenti. Le difficoltà della didattica a distanza, cosí come le fatiche, gli errori, le disfunzioni e le conquiste della scuola in presenza, sono quelle in cui ogni docente e ogni alunno potrà riconoscere le proprie. Allo stesso modo, a ogni docente sarà capitato di incontrare nella propria vita professionale uno o piú alunni con le medesime caratteristiche di quelli che popolano questo libro. Non voglio con questo ridurre gli alunni a «tipi umani»: ogni ragazzo è portatore di una individualità unica e irripetibile. Le individualità rappresentate in queste pagine sono inventate, e insieme, tra esperienze personali e racconti di colleghi, il precipitato di venticinque anni di scuola, e per scuola intendo prioritariamente un'esperienza ogni giorno nuova e imprevedibile di incontro, osservazione, comunicazione, relazione.

La poesia citata a p. 28, e nota come *Ode alla vita*, si intitola in realtà *Lentamente muore* ed è di Martha Medeiros.

La poesia citata a p. 105 è tratta da Nâzım Hikmet, *Poesie d'amore*, traduzione di Joyce Lussu, © 2015 Mondadori Libri S.p.A., Milano.

Ringraziamenti.

Ringrazio:

Maria Rosa Cutrufelli e Gabriella Kuruvilla. E prima ancora Antonia Wanda Lo Cascio, mia madre. Senza di loro, questo libro non ci sarebbe;

Domenica Perrone, che ci ha creduto prima che lo fosse;

Salvatore Patti e Michele Angelo Purpura, primi ipersensibili lettori;

l'avvocato Alberto Mittone per la consulenza accurata e meticolosa, e gli avvocati Carlo Dones e Vittorio Fiasconaro per i consigli.

Ringrazio inoltre:

Serena Roccaro, Annamaria Merlo, Giusy Costa, Alessandra Benanti, Rosalia Gambino, con cui ho imparato a fare scuola;

Rosanna Schiralli e Ulisse Mariani cui devo, tra l'altro, l'appello emotivo;

Giovanni Paparcuri, la cooperativa Al Revés, la Fondazione Falcone, l'ACSI Delegazione Sicilia Occidentale qui citati: a loro devo esperienze didattiche esaltanti.

E Letizia Battaglia, «filo rosso» dai miei vent'anni.

Indice

Stampato per conto della Casa editrice Einaudi
presso ELCOGRAF S.p.A. - Stabilimento di Cles (Tn)
nel mese di giugno 2021

C.L. 25024

Ristampa							Anno			
0	1	2	3	4	5	6	2021	2022	2023	2024